Python

张颖 著

网络爬虫框架 Scrapy

从入门到精通

北京大学出版社

PEKING UNIVERSITY PRESS

内 容 简 介

本书从Python主流框架Scrapy的简介及网络爬虫知识讲起，逐步深入到Scrapy进阶实战。本书从实战出发，根据不同需求，有针对性地讲解了静态网页、动态网页、App应用是如何爬取所需数据，以及Scrapy是如何部署分布式爬取，最后还介绍了用Scrapy + Pandas是如何进行数据分析及数据展示，让读者不但可以系统地学习Scrapy编程的相关知识，而且还能对Scrapy应用开发有更为深入的理解。

本书分为12章，涵盖的主要内容有Scrapy框架简介；Scrapy网络爬虫知识介绍；Scrapy开发环境的搭建；Scrapy架构及编程；Scrapy进阶；实战项目：Scrapy静态网页的爬取；实战项目：Scrapy动态网页的爬取；实战项目：Scrapy爬取App应用数据；Scrapy的分布式部署与爬取；分布式的实战项目；用Selenium框架测试网站；用Scrapy + Pandas进行数据分析。

本书内容通俗易懂，实例典型，实用性强，特别适合学习Python主流框架Scrapy的入门读者和进阶读者阅读，也适合数据分析与挖掘技术的初学者阅读，还适合相关培训机构的师生阅读。

图书在版编目(CIP)数据

Python网络爬虫框架Scrapy从入门到精通 / 张颖著. — 北京：北京大学出版社,2021.4
ISBN 978-7-301-32022-8

Ⅰ.①P… Ⅱ.①张… Ⅲ.①软件工具－程序设计 Ⅳ.①TP311.561

中国版本图书馆CIP数据核字(2021)第033369号

书　　　名	**Python网络爬虫框架Scrapy从入门到精通**	
	PYTHON WANGLUO PACHONG KUANGJIA SCRAPY CONG RUMEN DAO JINGTONG	
著作责任者	张　颖　著	
责 任 编 辑	王继伟	
标 准 书 号	ISBN 978-7-301-32022-8	
出 版 发 行	北京大学出版社	
地　　　址	北京市海淀区成府路205 号　100871	
网　　　址	http://www.pup.cn　　　新浪微博：@北京大学出版社	
电 子 信 箱	pup7@ pup.cn	
电　　　话	邮购部 010-62752015　发行部 010-62750672　编辑部 010-62570390	
印 刷 者	天津中印联印务有限公司	
经 销 者	新华书店	
	787毫米×1092毫米　16开本　18.25印张　414千字	
	2021年4月第1版　2021年4月第1次印刷	
印　　　数	1—4000册	
定　　　价	79.00元	

前言

INTRODUCTION

这项技术有什么前途

如今，已经进入大数据时代，很多的行业在使用大数据之后都得到了非常好的效果。互联网是大数据发展的前哨阵地，大数据围绕在我们生活的方方面面，它们相辅相成、互联依赖，并且不断在快速发展。随着大数据时代的发展，人们似乎都习惯了将自己的生活通过网络进行数据化，方便分享、记录和回忆。例如，我们每天都在通过自己的 QQ、微信、微博更新自己的动态、朋友圈等，这些都将构成一种数据。大数据通过数据挖掘来进行用户行为分析，推测出用户的爱好、工作、住址、收入情况等信息。

在这个信息交换频率无限发达的时代，当工作、生活、娱乐、学习方式全都可以由数字分析得出时，企业的经营方式也将会过渡到数据挖掘时代。现在，企业几乎每天每时都在产生着大量的业务数据。"工欲善其事，必先利其器"，只要善于运用 Scrapy 获取数据、分析数据、运用数据，就能透过这些数据真正了解用户，抓住用户心理，完全可以根据用户不同的消费习惯、消费能力等，主动提供精准的个性化产品和服务。

本书讲解的是目前最流行的 Python 爬虫框架 Scrapy，它简单灵活、易扩展，使用它可以高效地开发网络爬虫应用。Scrapy 是一个为了爬取网站数据，提取结构性数据而编写的应用框架。它将网页采集的通用功能，集成到各个模块中，留出自定义的部分，将程序员从烦冗的流程式重复劳动中解放出来。我们只需要实现少量代码，就能够快速地抓取到数据内容。Scrapy 使用了 Twisted 异步网络框架来处理网络通信，可以加快下载速度，不用自己去实现异步框架，并且包含了各种中间件接口，可以灵活地完成各种需求。尽管 Scrapy 原本是设计用来网络抓取，但它也可以用来访问 API 来提取数据。而且 Scrapy 框架通过管道的方式存入数据库，可保存为多种形式。

所以，使用 Scrapy 框架可以高效完成网站数据爬取任务。

利用 Scrapy + Pandas 还能够进行数据的分析及图形化展示。

笔者的使用体会

Scrapy 集成了各种功能（高性能异步下载、队列、分布式、解析、持久化等），是一个通用性很强的项目模板。通过这个框架可以很快地爬取到我们想要的数据，并且能够进行数据清洗、分析及图形化展示。

这本书的特色

本书的宗旨是以实用为主，通过通俗易懂的语言、丰富实用的案例，讲解 Python 网络爬虫框架 Scrapy 的原理和开发技术，主要特色如下。

（1）由浅入深，循序渐进。

（2）在讲解一些比较抽象的基础知识时会配有示例代码，以便让读者更深刻地去理解 Scrapy 的作用和应用，而不仅是一段段枯燥无味的文档。

（3）实战案例选材方面都是以章节中讲解的知识点为核心，尽量选择能够贴近日常生活的网站进行演示。

（4）在讲解一些重要的知识点时，会对源码进行分析，让读者能够"知其然，知其所以然"，以便日后在进行开发时能够游刃有余。

读者对象

- Python 网络爬虫初学者
- 运用 Scrapy 框架的初学者
- 数据分析和挖掘技术的初学者
- 高校和培训学校相关专业的师生
- 其他对网络爬虫框架 Scrapy 感兴趣的各类人员

资源下载

本书所涉及的源代码已上传到百度网盘，供读者下载。请读者关注封底"博雅读书社"微信公众号，找到"资源下载"栏目，根据提示获取。

目录
CONTENTS

第11章　用 Selenium 框架测试网站

第12章　用 Scrapy + Pandas 进行数据分析

第 1 章

Scrapy 框架简介

欢迎来到 Scrapy 的世界，Scrapy 是用 Python 语言编写的开源网络爬虫框架。如果想在网络上合法地采集想要的数据，或者想要测试网站的性能，那么本书会介绍如何使用 Scrapy 实现这些功能。不管是经验很少的初学者还是基本没接触过 Scrapy 的读者，都可通过本书的各种实例、实战项目掌握 Scrapy。

1.1 Scrapy 简介

从头开发一个爬虫程序是一项很烦琐吃力的工作。为了避免重复地造轮子消耗大量的时间，降低开发成本，提高程序的质量，我们会选择一些优秀的爬虫框架，Scrapy 就是其中之一。Scrapy 是现在非常流行的开源爬虫框架，而且还是一个成熟的框架；是 Python 开发的一个快速、高层次的 Web 数据抓取框架，用于抓取 Web 站点并从页面中提取结构化的数据。Scrapy 用途广泛，可以用于数据采集、数据挖掘、网络异常用户检测、存储数据、监测和自动化测试等方面。

Scrapy 使用了 Twisted 异步网络框架来处理网络通信，可以加快下载速度，不用自己去实现异步框架，并且包含了各种中间件接口，可以灵活地完成各种需求。它也提供了多种类型爬虫的基类，如 BaseSpider、Sitemap 爬虫等，最新版本又提供了 Web 2.0 爬虫的支持。

Scrapy 是基于事件的架构，使数据清洗、格式化、数据存储级联起来。当打开上千万链接时，可以同时合理地拆分吞吐量，只要合理设计，性能的降低就会比较小。例如，假如想从某网站获取商品销量的信息，假设每页包含 100 个商品的销量。Scrapy 可以非常轻松地在该网站并行（同时）执行 16 个请求。如果一个请求需要 1 秒，那么每秒就会爬取 16 页，把 16 页乘每页的商品数量，最后得出每秒爬取 1600 个商品销量的信息。这样，速度和性能大大增加，比单线程每秒爬取 100 个商品，足足快了 16 倍。

1.2 关于本书：目标和用途

本书的目标：通过基础知识的梳理，重点示例和实战项目的演示，来教读者如何使用 Scrapy。

第 2～4 章，梳理运用 Scrapy 所需要的基础必备知识，以及 Scrapy 在不同操作系统中是如何搭建的。第 5 章是 Scrapy 的进阶知识介绍，让读者更好地掌握 Scrapy 并且能更好地运用它。第 6～10 章是实战项目，分别通过静态网页、动态网页、App 的数据抓取及分布式的部署与爬取，让读者更深入地了解和掌握 Scrapy 的框架精华。第 11 章是通过爬虫测试网站性能的介绍和实例，让读者掌握 Scrapy 的另一个功能 —— 自动化测试。第 12 章是利用 Python 进行数据分析，并对三大模块 ——NumPy、Matplotlib 和 Pandas 进行了详细介绍，通过实例来演示 Scrapy 爬取网站，并对爬取到的数据进行分析及视图展示。

由浅入深地阅读本书，并且通过本书的实战项目去练习所学知识，举一反三地磨炼，这样就能成为很优秀的 Scrapy 开发者。

1.3 进行自动化数据爬取的重要性

2011 年 5 月，麦肯锡全球研究院发布报告 ——*Big data: The next frontier for innovation, competition, and productivity*，第一次给大数据做出相对清晰的定义："大数据是指其大小超出了常规数据库工具获取、储存、管理和分析能力的数据集。"而数据爬取始终与大数据联系在一起，为所有预测提供了基础。"大数据赋予我们预测未来的能力"，这就是数据挖掘的力量。

如今我们的生活已经被数字化：每笔互联网上的、银行卡的交易都是数字化的，每次互联网上浏览的行为都有可能被保存下来进行数字化。随着可穿戴设备的兴起，每一次心跳和呼吸也会被数字化并保存为可用的数据。所以，一台计算机或手机比以往任何时候都能更好地"理解"我们的世界。如果计算机或手机能预测人们的生活方式，它就能准确地告知企业什么时候是进行促销的最佳时机，例如，如果这个人倾向于每周六去餐厅聚会，那么企业可以给他推送餐厅的优惠信息。如果这个人倾向于每年春节出去度假，那么企业可以给他推送一张酒店住宿优惠券或旅游优惠券。互联网金融、医疗病例分析、数据建模、信息聚类、数据分析服务等，这些系统所需要的数据几乎都是要通过爬虫进行获取，并且通过规范化提取完成。它们通过提取到的数据进行分析，进行销售预测，指定商业策略，使营业利润最大化。从海量病例信息中挖掘有价值的信息，提高患者诊断的准确度、治疗的精确度，为医院决策管理提供有力的支持。所以，一旦未来变得可预测，我们总是可以提前计划，并为之做最好的行动准备。

1.4 掌握自动化测试的重要性

是否需要进行软件测试主要取决于以下几点。
（1）客户需求度逐渐提高，相应的对软件系统的要求和期望越来越高。
（2）软件系统复杂度提高，需要多人进行合作。

（3）软件开发是程序员的智力活动，无法用固定的生产标准来管理。

由于以上原因，导致软件质量降低，进度和成本无法控制。所以，我们要尽早测试，尽早发现问题。而且运行一套测试方法能够保证代码按照规定的功能和目标运行，不仅节约时间，而且减少产生 BUG 的可能性。

手工测试通常是工程师先执行预定义的测试用例，将执行结果与预期的行为进行手工比较并记录结果。每次源代码更改时都会重复这些手动测试，由于都是人为参与，因此这个过程很容易出错。古语有云："工欲善其事，必先利其器。"自动化测试则是将自动化工具和技术应用于软件测试，让程序代替人去验证程序功能的过程，旨在减少测试工作，更快、更经济地验证软件质量，有助于以更少的工作量构建质量更好的软件。

自动化测试分为三个层级：单元测试、接口测试和 UI 测试，这三层呈一个金字塔形状分布。最底层是单元测试，接口测试在中间，UI 测试在最上层。

自动化测试还可以解决以下问题。

（1）软件在发布新版本以后对之前的功能进行验证。

（2）软件的压力测试，即多用户同时操作软件，软件服务器处理多用户请求的能力。

（3）软件的兼容性测试，即在不同浏览器（IE、Chrome、Firefox 等）中的展现能力，或者在不同操作系统（Windows、Linux 等）中的兼容能力。

目前大多数编程语言（包括 Python）都有一些测试框架。将 Python 的 Unittest 库与网络爬虫组合起来，就可以实现简单的网站前端测试功能。Python 的 Selenium 是一个可以解决网站中各种复杂问题的优秀测试框架，用它可以写出一些符合测试流程的测试脚本进行网站测试。

1.5　合理规划，开发高质量的应用

为了合理规划，开发高质量的应用，需要通过网络数据采集，对其关键共性技术进行研发，提升数据存储、理论算法、模型分析等核心竞争力，做出面向大数据的分析软件。

通过爬虫的细心抓取，可以为企业提供大量的真实数据，帮助企业构建覆盖全流程、全环节、全生命周期的数据链，使企业提升数据分析处理和知识创造能力的同时，还可以帮助企业及早发现和修复错误，并做出明智的决策。

1.6 网络数据的采集法律与道德约束

当我们开发爬虫进行网络采集时，需要关注网络上数据的版权。如果采集别人的文章放在自己的网站上展示，则侵犯了别人对这篇文章的版权。一般爬虫采集的大多数数据都是统计数据，但是如果采集的数据源被对方申请了版权，那么在未取得授权的情况下是不能进行采集的。

以下行为表示违反了采集法律。

（1）超出 Robots 协议的许可。Robots 协议是国际互联网界通行的道德规范，也是一种存放于网站根目录下的文本文件，它通常告诉爬虫，此网站中的哪些内容是不可以爬取的，哪些内容是可以爬取的。打个比方：网站就像酒店里的房间，房间的门口会挂着"请勿打扰"或"欢迎光临"的提示牌。那么，服务生就知道哪些房间能够进入，哪些房间不能进入。如果强行进入"请勿打扰"的房间，就算违法了。Scrapy 提供了这些功能的设置。

（2）对爬取的网站造成了实际的伤害。网络服务器是很昂贵的，如果由于无限量大批地从目标网站爬取数据，使目标网站崩溃，就会导致网站无法为其他用户正常地提供服务。这些都算是对目标网站造成的伤害。

（3）故意而为之。虽然采集有时需要很长的时间，但最好让爬虫在午夜进行，这样可以减少目标网站的压力。这样的行为可以不影响网站高峰期的运行。

1.7 本章小结

本章介绍了 Scrapy，介绍了它能够帮助用户做什么，并且阐述了自动化数据爬取和自动化测试的重要性。此外，告诉读者合理规划，开发高质量的应用及网络数据需要合法采集。

第 2 章

Scrapy 网络爬虫知识介绍

本章将介绍爬虫及运用爬虫的基本知识。这些知识在后面的章节中对开发和理解爬虫有很大的帮助。

2.1 爬虫的作用

本节将介绍爬虫的概念、应用范围及采集方案。"知己知彼，才能百战百胜！"只有充分了解了爬虫，才能更好地去运用它。

2.1.1 爬虫的概念

百度百科对爬虫的定义如下：网络爬虫（又称为网页蜘蛛、网络机器人，在 FOAF 社区中间，经常被称为网页追逐者），是一种按照一定的规则，自动地抓取万维网信息的程序或脚本。另外一些不常使用的名称还有蚂蚁、自动索引、模拟程序或蠕虫。

简单来说，爬虫是一个模拟人类请求网站行为的程序。可以自动请求网页，并将数据抓取下来，然后使用一定的规则提取有价值的数据。这里需要强调的是，网络爬虫爬取的是互联网上的公开数据，而不是通过特殊技术非法入侵到网站服务器获取的非公开数据。它通过模拟客户端（浏览器）发送网络请求（request），获取网络响应（response），按照一定的规则提取数据并保存数据到数据库的程序。爬虫在互联网的位置和作用如图 2.1 所示。

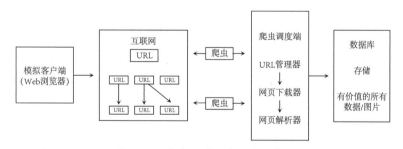

图 2.1　爬虫在互联网的位置和作用

2.1.2 爬虫的应用范围

1. 通用的搜索引擎

例如，百度、Google 等根据网页输入的关键词，系统后台不停歇地在互联网各个节点爬行，在爬行过程尽可能快地发现和抓取原生网页数据，并且经过解析处理，用网页的形式展现给查询者。

2. 推荐引擎

例如，今日头条是根据用户的浏览习惯来猜测用户可能感兴趣的内容，然后根据用户的兴趣点，每天爬虫爬取大量的网站并将这些数据分析推送给用户。

3. 机器学习的数据样本

现在机器学习已经越来越流行，但是机器学习最重要的基础就是大量的数据样本。例如，围棋人机大战，韩国围棋九段棋手李世石、中国围棋九段棋手柯洁分别与人工智能围棋程序"阿尔法围棋"（AlphaGo）之间的两场比赛。第一场为 2016 年 3 月 9 日至 15 日在韩国首尔进行的五番棋比赛，阿尔法围棋以总比分 4:1 战胜李世石；第二场为 2017 年 5 月 23 日至 27 日在中国嘉兴乌镇进行的三番棋比赛，阿尔法围棋以总比分 3:0 战胜世界排名第一的柯洁。谷歌人工智能程序阿尔法围棋（AlphaGo）就是基于深度学习技术研究开发的，其中有一点，它结合了数百万人类围棋专家的棋谱，以及强化学习的监督学习进行了自我训练。这使其在围棋技艺上获得巨大提升，并战胜了职业棋手。

因此，现在大量做机器学习研究的人，会去互联网上爬取一些合法的数据，供自己做机器学习数据训练使用。

4. 数据分析

数据分析是指用适当的统计、分析方法对有组织有目的地从互联网上收集来的大量数据进行分析，将它们加以汇总和理解并消化，找出所研究对象的内在规律，以求最大化地开发数据的功能，发挥数据的作用。数据分析是为了提取有用信息和形成结论而对数据加以详细研究和概括总结的过程。例如，设计人员在开始一个新的设计以前，要通过广泛的设计调查，分析所得数据以判定设计方向，因此数据分析在产品设计中具有极其重要的地位。商家可以通过互联网上采集的用户购买历史记录分析来建立模型，指定销售策略，为他们量身预测未来的购物清单，进而设计促销活动和个性服务，让他们源源不断地为之买单。Futrix Health 是一家专注于通过数据为患者制定医疗解决方案的公司，从安装在智能手机上的个人健康应用，到诊所、医院里医生使用的电子健康记录仪，甚至是革命性的数字化基因组数据，均连接到后端数据仓库上，从而为患者制定最佳的医院选择、医药选择。当然，不同的用户会根据自己的需求，将从互联网上爬取的合法数据，加以分析整理，应用到自己需要的方面。

如今是大数据时代，数据分析不再是简单地收集这些数据，而是如何运用数据来更好地认知这个世界。

5. 购物比价

如今各大电商平台为了活跃用户进行各种秒杀活动，还有优惠券等。同样的一个商品可能在不同网购平台价格不同。例如，返利网、折多多等。这些网站一般通过爬虫（数据采集系统）来实时监控各站的价格浮动，让其上的浏览者在几分钟之内甚至秒级的时间内知道一件商品在某站有何优惠。

6. 网络舆情分析

网络舆情是以网络为载体，以事件为核心，是所有网民情感、态度、意见、观点的表达在互联网上的传播与互动体现。它采用网络自动抓取等技术手段来获取搜索引擎、新闻门户、论坛、博客、微博、微信、报刊、视频的舆情信息，效率高而且带有广大网民的主观性，未经媒体验证和包装，直接通过多种形式发布于互联网上。信息保真，覆盖面全。

2.1.3 爬虫的采集方案

本书是用 Python 做采集，Python 的好处是速度快，支持多线程，高并发，可以大量采集数据。PyCharm 是一款很好用的 Python 专用编辑器，可以编译和运行，支持 Windows 系统。

Python 采集主要用到的库和框架如下。

（1）requests：使用 Apache2 Licensed 许可证的 HTTP 库。用来获取网页的内容，支持 HTTPS。requests 支持 HTTP 连接保持和连接池，支持使用 Cookie 保持会话，支持文件上传，支持自动响应内容的编码，支持国际化的 URL 和 POST 数据自动编码。

（2）PyMySQL：在 Python 3.x 版本中用于连接 MySQL 服务器的一个库，将采集到的信息保存到数据库。

（3）Scrapy：基于 Twisted（异步 I/O 的框架），性能是其最大的优势。而且 Scrapy 方便扩展，提供了很多内置的功能，如 CSS、XPath 等，这些功能使得开发速度更快。

2.2 爬虫必备的前端知识

如果要更好地掌握和运用爬虫，就必须知道一些前端知识，包括 HTTP 的概念、工作原理、请求方法及状态码；HTML、CSS 和 JavaScript 的编程知识；DOM 的概念和操作；Ajax 动态获取数据的方法及其返回的数据（JSON 格式）；GET 和 POST 方法；Cookie 和 Session。

2.2.1 正确认识 HTTP

1. HTTP 的概念

HTTP（HyperText Transfer Protocol）是超文本传输协议。它是应用层协议，同其他应用层协议一样，是为了实现某一类具体应用的协议，并由某一运行在用户空间的应用程序来实现其功能。HTTP 是一种协议规范，这种规范记录在文档上，为真正通过 HTTP 进行通信的 HTTP 的实现程序。

HTTP 包含命令和传输信息，不仅可用于 Web 访问，也可用于其他因特网 / 内联网应用系统之间的通信，从而实现各类应用资源超媒体访问的集成。

HTTP 也是一个客户端、服务器端请求和应答的标准（TCP）。客户端是终端用户，服务器端是网站。通过使用 Web 浏览器、网络爬虫或其他工具，客户端发起一个到服务器上指定端口（默认端口为 80）的 HTTP 请求。当在浏览器的地址框中输入一个 URL 或是单击一个超级链接时，URL 就确定了要浏览的地址。浏览器通过超文本传输协议（HTTP），将 Web 服务器上站点的网页代码提取出来，并翻译成漂亮的网页。

2. HTTP 的工作原理

HTTP 是基于客户 / 服务器模式，且面向连接的。HTTP 定义了 Web 客户端如何从 Web 服务器请求 Web 页面，以及服务器如何把 Web 页面传送给客户端。HTTP 采用了请求 / 响应模型。客户端向服务器发送一个请求，请求中包含请求的方法、URL、协议版本、请求头部和请求数据。服务器以一个状态行作为响应，响应的内容包括协议的版本、成功或错误代码、服务器信息、响应头部和响应数据。

典型的 HTTP 请求 / 响应的处理步骤如下。

（1）客户端与 Web 服务器建立连接：一个 HTTP 客户端，通常是浏览器，与 Web 服务器的 HTTP 端口（默认为 80）建立一个 TCP 连接。例如，https://www.baidu.com。

（2）客户端向 Web 服务器发送 HTTP 请求：通过 TCP 连接，客户端向 Web 服务器发送一个文本的请求，该请求头由请求行、请求头部、空行和请求数据四部分组成。

（3）Web 服务器接收请求并返回相应的文件作为应答：Web 服务器解析请求，定位请求资源。服务器将资源复本写到 TCP，由客户端读取。一个响应头由状态行、响应头部、空行和响应数据四部分组成。

（4）客户端与 Web 服务器关闭连接：如果 connection 模式为 close，则服务器主动关闭 TCP 连接，客户端被动关闭连接，释放 TCP 连接；如果 connection 模式为 keep-alive，则该连接会保持一段时间，在该时间内可以继续接收请求。

（5）客户端浏览器解析 HTML 内容：客户端浏览器首先解析状态行，查看请求是否成功的状态代码。然后解析每一个响应头，客户端浏览器读取响应数据 HTML，根据 HTML 的语法对其进行格式化，并在浏览器窗口中显示。

3. HTTP 的请求方法

HTTP/1.1 中共定义了 8 种方法来以不同方式操作指定的资源。GET 和 POST 是最常见的 HTTP 方法。此外，还包括 DELETE、HEAD、OPTIONS、PUT、TRACE 和 CONNECT 方法。

这里介绍一下常用的 HTTP 方法，其对爬取网页有很大的作用。

（1）GET 请求方式：使用 GET 方法时，请求参数和对应的值附加在 URL 后面，利用一个"?"

代表 URL 的结尾及附带参数的开始，参数用 key=value 键值对的方式书写，参数和参数之间用 "&" 符号隔开。一般 GET 请求参数的大小受限，最大不超过 1024。由于参数明文地显示在了 URL 上面，因此不太适合传递私密的数据。

（2）POST 请求方式：POST 方法将请求参数封装在 HTTP 请求的请求体中，以名称 / 值的形式出现，可以传输大量的数据，在 URL 中看不到具体的请求数据，比较安全，适合数据量大的数据发送。POST 请求一般用于表单数据的提交或上传文件。

4. HTTP 状态码

HTTP 状态码由 3 个十进制数字组成，第一个十进制数字定义了状态码的类型，后两个十进制数字没有分类的作用。HTTP 状态码表示请求是否被理解或被满足。HTTP 状态码共分为 5 种类型。

（1）1xx：信息性状态码，表示接收的请求正在处理。

（2）2xx：成功状态码，表示请求已被成功地接收并处理。

（3）3xx：重定向状态码，表示需要进行附加操作才能完成请求。

（4）4xx：客户端错误状态码，表示请求有语法错误或请求无法实现

（5）5xx：服务器错误状态码，表示服务器在处理请求的过程中发生了错误。

下面是常见的 HTTP 状态码。

（1）200：客户端请求成功。

（2）301：永久性重定向。该状态码表示请求的资源已被分配了新的 URL，以后应使用资源现在所指的 URL。

（3）303：该状态码表示由于请求对应的资源存在着另一个 URL，应使用 GET 方法定向获取请求的资源。

（4）400：服务器未能理解请求。

（5）403：对被请求页面的访问被禁止。

（6）404：服务器无法找到被请求的页面。

（7）500：服务器发生不可预期的错误，即内部服务器错误。

（8）503：请求未完成。服务器临时过载或宕机，不能处理客户端的请求。一段时间后可能会恢复正常。

2.2.2 HTML、CSS 和 JavaScript

爬虫涉及的技术虽然不限于熟练一门编程语言（本书以 Python 为例），但必须知道网页知识（HTML、CSS、JavaScript 等）。我们需要知道这些网页是如何构成的，然后才能去分解它们，提取到我们想要的内容。

一个基本的网站包含很多个网页，每个网页主要是由三部分组成，即结构（HTML）、表

现（CSS）和行为（JavaScript）。如果用造房子来比喻三者间的关系，那么 HTML 是建筑师，设计房子的架构（包括大梁和钢筋）；CSS 是做装修和粉刷，给房子添上色彩；JavaScript 是魔术师（例如，安装门窗、空调、电视等），给房子装上想要的功能。这样比喻可能不是完全恰当，但可以帮助我们更好地理解这三者之间的关系。

（1）HTML。HTML 是用来描述网页的超文本标记语言，用于构建网页的基本框架。超文本是指页面内可以包含图片、链接、音乐等非文字元素。我们在浏览器中打开的网页都是 HTML 文件，其结构包括"头"（head）部分和"主体"（body）部分，其中"头"部分提供关于网页的信息，"主体"部分提供网页的具体内容，简单的 HTML 文档如下。

```
<!DOCTYPE html>
<html lang="en">
<head>
    <meta charset="UTF-8">
    <title> 文档标题 </title>
</head>
<body>
    文档内容
</body>
</html>
```

HTML 是网页的结构（Structure），需要有多种框架和布局，如 frameset 框架集、iframe 内联框架、div + css 布局、table 布局等，同时支持表单提交（HTML Form），包括基础表单、input 输入框、输入框类型、文本域、列表、label 等。HTML5 是 HTML 的一个新版本，它是一次跨越性的升级，它将 HTML 向全平台通用化的发展方向上推进了一大步。例如，HTML5 新增了很多新元素及功能，如图形的绘制、多媒体内容、更好的页面结构、更好的形式处理和 API 拖放元素、定位等。这些元素的加入，使 HTML5 实现以前只能在客户端软件上才能实现的功能。

（2）CSS。CSS（Cascading Style Sheets）也称为层叠样式表，是一种用来表现 HTML（标准通用标记语言的一个应用）或 XML（标准通用标记语言的一个子集）等文件样式的计算机语言。这里简单理解为：CSS 是 HTML 语言的一个应用，可以修饰各种动态和静态页面，对网页中元素位置的排版进行像素级精确控制（以像素为单位），支持几乎所有的字体字号样式，拥有对网页对象和模型样式编辑的能力。CSS 的诞生是为了解决 HTML 的显示功能，它解决了 HTML 显示杂乱和臃肿的问题。CSS 主要定位页面元素的样式，如网页中的动态文字、文字的色彩、字体、动画效果等。

CSS 样式表主要由很多样式规则组成，规则主要由两部分构成：选择器及一条或多条声明（属性和值）。选择器是需要定义样式的页面元素，每条声明由一个属性和一个值组成，示例如下。

```
.middle = {
    margin: 0 auto;
```

```
    font-size: 21px;
    background-color: #0000FF;
}
```

上面的示例表示：选择器是指 CSS 样式的名称 ".middle"，名称前面要带上一点 "."。声明由属性和值组成，"margin: 0 auto;" 中冒号前面是属性，冒号后面是值，它定义元素居中显示；"font-size: 21px;" 定义字体为 21 像素；"background-color: #0000FF;" 定义背景色为蓝色。

（3）JavaScript。如果一个网页只有"结构"和"表现"，而缺少了用户与网页的交互，即行为，那么这样的网页就如一潭死水，无法形成良好的用户体验。好的用户体验不仅可以让用户鼠标放在哪里，哪里就会产生人性化的效果，而且可以增强用户的可操作性。例如，鼠标滑过弹出下拉菜单，鼠标滑过表格的背景颜色改变，焦点新闻（新闻图片）的轮换等。可以这样理解，有动画的、有交互的一般都是用 JavaScript 来实现的。JavaScript（简称 JS）是一种具有函数优先的轻量级、解释型或即时编译型的编程语言。与其他编程语言一样，JavaScript 也有数据类型、条件语句、分支语句、字符串详解、数组详解、对象、函数、数值、Math 函数、作用域等。通常 JavaScript 脚本是通过嵌入在 HTML 中来实现自身的功能的，它是连接前台（HTML）和后台服务器的桥梁，它是操纵 HTML 的"能手"。JavaScript 一般分为原生 JavaScript、JavaScript 库、JavaScript 框架、JavaScript 插件等，下面简单说明一下。

①原生 JavaScript：是指遵循 ECMAScript 标准的 JavaScript，不同于微软的 JavaScript，也不依赖于任何框架，依托于浏览器标准引擎的脚本语言。

② JavaScript 库和 JavaScript 框架：JavaScript 高级程序设计（特别是对浏览器差异的复杂处理），通常很困难也很耗时。为了应对这些调整，许多的 JavaScript 库和框架应运而生。所有这些框架都提供针对常见 JavaScript 任务的函数，包括动画、DOM 操作、API 封装、界面 UI 封装的库类及 Ajax 处理。许多大公司在网站上使用的 JavaScript 框架有 jQuery、Prototype、MooTools 等。其中，jQuery 是目前最受欢迎的 JavaScript 框架。因为 jQuery 是一个高效、精简并且功能丰富的 JavaScript 工具库，极大地简化了 JavaScript 编程。它使用 CSS 选择器来访问和操作网页中的 HTML 元素（DOM 对象）。jQuery 同时提供 companion UI（用户界面）和插件。jQuery 完全不用担心兼容的问题，大部分浏览器都能实现常用的功能。

③ JavaScript 插件：集成了帮助程序员轻松完成功能的程序。我们可能已经用过很多 JavaScript 插件，如著名的轮播图插件 Swiper.js、滚动条插件 iScroll.js 等，用起来非常方便，大大提高了我们的工作效率。

大部分网站都默认开启了 JavaScript 脚本语言，在文档中可以设置如下。

```
<script type="text/javascript">
    这里写入一行或多行 JavaScript 代码
</script>
```

或者也可以将外部脚本的文件内容结合到当前文档中。此类文件必须使用.js扩展名，具体如下。

```
<script type="text/javascript" SRC="mainscript.js"></script>
```

2.2.3 DOM 的概念和操作

DOM（Document Object Model）也称为文档对象模型，是 W3C 组织推荐的处理可扩展标记语言的标准编程接口。DOM 是一种与浏览器、平台和语言无关的应用程序接口（API），它可以动态地访问程序和脚本，更新其内容、结构和 WWW 文档的风格。如果把文档作为一个树形结构，那么树的每个节点表示了一个 HTML 标签或标签内的文本项。DOM 树结构精确地描述了 HTML 文档中标签间的相互关联性。使用 DOM 接口可以同时定义很多方法来操作这棵树中的每一个元素（节点）。下面构建一个网页文档，并且提炼出它的文档结构，用 DOM 的树形模式显示出来。这样可以更详细地讲解 DOM 的操作，HTML 文档的结构如下。

```
<!DOCTYPE html>
<html lang="en">
<head>
    <meta charset="UTF-8">
    <title>DOM 操作 </title>
</head>
<body>
  <div class="site-index">
    <div class="jumbotron">
        <h1>Congratulations!</h1>
        <p class="lead">You have successfully created your Yii-powered
application.</p>
        <p><a class="btn btn-lg btn-success" href="https://www.baidu.com">
Get started with Yii</a></p>
    </div>
    <div class="body-content">
        <div class="row">
            <div class="col-lg-4">
                <h2>Left</h2>
                <p> 热点要闻 </p>
                <p><a class="btn btn-default" href="http://news.baidu.com/">
百度新闻 &raquo;</a></p>
            </div>
            <div class="col-lg-4">
                <h2>Middle</h2>
                <p> 百度贴吧 </p>
                <p><a class="btn btn-default" href="https://tieba.baidu.com/
index.html"> 百度贴吧 &raquo;</a></p>
```

```
            </div>
            <div class="col-lg-4">
                <h2>Right</h2>
                <p>百度视频 </p>
                <p><a class="btn btn-default" href="http://v.baidu.com/">
百度视频 &raquo;</a></p>
            </div>
        </div>
    </div>
  </div>
</body>
</html>
```

将上面的 HTML 文档解析后，转化为一份完整的 DOM 树形结构，如图 2.2 所示。

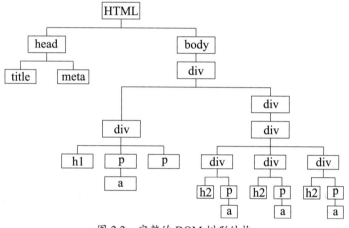

图 2.2　完整的 DOM 树形结构

而浏览器中所显示的网页内容，如图 2.3 所示。

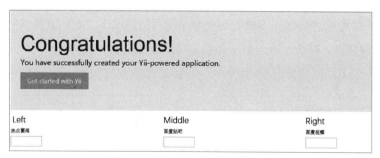

图 2.3　网页文档显示出来的效果

因此，对 HTML 文档的处理可以通过对 DOM 树的操作实现。DOM 模型不仅描述了文档的结构，还定义了节点对象的行为，利用对象的方法和属性，可以方便地访问、修改、添加和删除 DOM 树的节点和内容。

节点这个词是一个网络用语，代表了网络中的一个连接点。一个网络就是由一些节点构成的集合。在 DOM 中，文档是由节点构成的集合，它们包括元素、属性、文本、文档、注释等。在实际开发时，要创建动态的内容，主要操作的节点包括元素节点、文本节点和属性节点。元素节点即标签，如 <html>、<body>、<div>、<p> 等。文本节点即向用户展示的内容，如 <div>...</div> 中的 JavaScript、DOM、CSS 等文本。属性节点即元素属性，如 <a> 标签的链接属性 href="http://news.baidu.com/"。

通俗地说，在网页中，HTML 是主体，装载各种 DOM 元素；CSS 用来装饰 DOM 元素；JavaScript 控制 DOM 元素。再次强调 DOM 是一个树形结构。操作一个 DOM 节点主要就是以下几个操作。

（1）获取节点：通过 class 属性的类名获取元素，返回元素对象数组；通过 id 属性的 id 值获取元素，返回一个元素对象；通过 name 属性获取元素，返回元素对象数组；通过标签名获取元素，返回元素对象数组。

（2）更新节点：更新 DOM 节点的内容。

（3）添加新节点：在 DOM 节点下新增一个子节点。

（4）遍历节点：遍历 DOM 节点下的子节点。

（5）删除节点：将该节点从 HTML 中删除，同时该节点下的节点也会一并删除。

2.2.4 Ajax 和 JSON

以前传统的网页（不使用 Ajax）如果需要更新内容，就必须重新加载整个网页。当一个页面有大量的 JavaScript、图片、CSS 时，加载速度会变得非常缓慢。而 Ajax 的出现很好地解决了这个问题。

Ajax（Asynchronous JavaScript And XML，异步 JavaScript 和 XML）是指一种用于创建快速动态网页的开发技术。它无须重新加载整个网页，通过在后台与服务器进行少量数据交换，即可异步更新部分网页。这意味着可以在不重新加载整个网页的情况下，对网页的某些部分进行更新。由于 Ajax 是按需取数据，减少了冗余请求和响应对服务器造成的负担，因此异步请求响应快，用户体验很好。Ajax 的工作原理如图 2.4 所示。

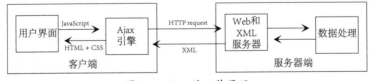

图 2.4　Ajax 的工作原理

在使用 Ajax 之前需要引入 jQuery。

```
<script type="text/javascript" SRC="js/jquery-1.8.2.js"></script>
```

Ajax 常用的格式如下。

```
$(".chaxun").click(function(){
        var btn_target = $(this);
        if(btn_target.hasClass("disabled")){
            common_ops.alert(" 正在处理，请不要重复提交！");
            return;
        }
        var search_target = $(".cxpc input[name=search]");
        var search = search_target.val();
        var data = {
            search: search
        }
        $.ajax({
            url: "index.php?r=site/search",
            type: 'POST',
            data: data,
            dataType: 'json',
            success: function(res){
                window.location.href = "index.php?search=" + search
            }
        });
    });
```

Ajax 大多数时候设置服务器返回的数据类型为 JSON。JSON 是 JavaScript 对象表示法，是存储和交换文本信息的语法，类似 XML，但比 XML 更小、更快、更易解析、更灵巧。所以，JSON 是一种轻量级的数据交换格式，基于 ECMAScript（欧洲计算机协会制定的 JavaScript 规范）的一个子集，采用完全独立于编程语言的文本格式来存储和表示数据。简洁和清晰的层次结构使得 JSON 成为理想的数据交换语言，易于人阅读和编写，同时也易于机器解析和生成，并有效地提升网络传输效率。

JSON 可以将 JavaScript 对象中表示的一组数据转换为字符串，然后就可以在网络或程序之间轻松地传递这个字符串，并在需要时将它还原为各编程语言所支持的数据格式，也就是说，JSON 对象就是 JavaScript 对象的子集而已。一般 JSON 格式的字符串转化完毕后会变成数组对象。

举个最简单的例子，通过 Ajax 从后台返回一段 JSON 数据。

```
{
person: [{"name":"linda"}, {"from":"Shanghai"}]
}
```

前端用 JavaScript 读取这一段 JSON 并赋值给 data，这样就可以轻松地提取我们想要的数据了。

```
data.person[0].name  // 结果是 linda
data.person.length  // 结果是 2
```

2.2.5 GET 和 POST 方法

客户端（浏览器）向服务器提交 HTTP 请求；服务器向客户端返回响应。响应包含关于请求的状态信息及可能被请求的内容。其中，最常被用到的方法是 GET 和 POST。

（1）GET 方法：对于 GET 方式的请求，浏览器会把 HTTP 的 header 和 data 合并成一个 TCP 数据包发出，服务器响应 200（OK），并回传相应的数据。

查询字符串（名称/值对）是在 GET 请求的 URL 中发送的，以"?"分割 URL 地址和传输数据，参数间以"&"相连，具体如下。

```
https://www.qingyingtech.com?name=linda&pwd=123456
```

以上代码把 name 是 linda 的值和 pwd 是 123456 的值发送到指定的查询网页，指定的查询网页从 URL 上提取到数据，查询是否正确。但需要注意的是，GET 方法传递的数据量较小，最大不超过 2KB（因为受 URL 长度限制）；与 POST 相比，GET 的安全性较差，因为参数直接暴露在 URL 上，所以在发送密码或其他敏感信息时绝不要使用 GET。

（2）POST 方法：对于 POST 方式的请求，会产生两个 TCP 数据包，浏览器会先将 HTTP 的 header 发送出去，服务器响应 100（Continue）后，浏览器再发送 data，服务器响应 200（OK），并回传相应的数据。例如，用表单提交数据。

```html
<!DOCTYPE html>
<html>
<head>
    <meta charset="UTF-8">
    <title> 登录界面 </title>
</head>
<body>
    <form id="login" name="login" method ="Post"  action="Post.html"
id="nameform">
        Username:<input  name="Username" type="text" /><br/>
        Password:<input  name="Password" type="text" /><br/>
      <button type="submit" form="nameform" value="Submit">提交 </button>
    </form>
</body>
</html>
```

用户在页面输入如图 2.5 所示的内容。

图 2.5　用户页面输入

表单标签 <form> 用于收集用户的输入。其中，method 属性用于提交时，采取 HTTP 的 POST 方法。而 action 属性用于提交 HTTP 的 URL。当单击"提交"按钮时，向原 HTTP 服务器发送了一个新的 HTTP 请求体（request body）。

```
POST /Post.html HTTP/1.1
Host: 192.168.1.100:8000
Content-Length: 45
Username=linda&Password=123456&subLogin=submit
```

最后，服务器接收到的用户输入为 Username=linda，Password=123456，然后到数据库查询输入是否正确。由于 POST 方法会将提交的数据放在请求体（request body）中，因此传递的数据量可以较大，一般不受限制（大小取决于服务器的处理能力）。而且传递的参数不会直接暴露在 URL 上，POST 比 GET 更安全。

2.2.6 Cookie 和 Session

HTTP 最大的特点是无连接和无状态。无连接是指只有客户端请求时才建立连接，当请求完毕之后就释放这个连接。这样就可以把资源尽快地释放出来，服务于其他客户端。HTTP 及时地释放连接可以大大提高服务器的执行效率。HTTP 本身是无状态的，这与 HTTP 本来的目的是相符的，即服务器不保留与客户交易时的任何状态，每一次请求之间都是独立的。这就大大减轻了服务器的记忆负担，从而保持较快的响应速度。就像客户和自动售货机之间的关系一样。然而人们在浏览网页的过程中很快发现如果能够提供一些按需生成的动态信息会使 Web 变得更加有用，就像客户在登录购物网站后，记录客户登录网站的信息；需要结账时，需要看他之前买过什么。这种需求一方面迫使 HTML 逐步添加了表单、脚本、DOM 等客户端行为，另一方面在服务器端则出现了 CGI（公共网关接口）规范以响应客户端的动态请求，作为传输载体的 HTTP 也添加了文件上载、Cookie 这些特性。其中，Cookie 的作用就是为了解决 HTTP 无状态的缺陷所做出的努力，它保存在客户端。至于后来出现的 Session 机制则是又一种在客户端与服务器之间保持状态的解决方案，它存储在服务器端。掌握 Cookie 和 Session 技术，会帮助我们进一步了解 Web 网站页面间是如何动态传递信息的。

1. Cookie 管理

（1）Cookie 的概念和工作原理。

Cookie 是指某些网站为了辨别用户身份、进行 Session 跟踪而储存在用户本地终端上的数据（通常经过加密）。当用户在浏览器中输入链接地址，第一次打开对应的网站时，网站就会通过自己的服务器把用户信息暂时存储在用户本地内存或硬盘中。当用户第二次访问该网站时，服务器就会在用户本地内存或硬盘中读取用户信息，来判断当前上网用户的身份或用户在浏览网页时做了哪些事。例如，当访客第一次登录网站时选中"记住我"复选框，则 Cookie 中会记录下访客的用户名和密码，如图 2.6 所示。

图 2.6　访客第一次登录网站时
选中"记住我"复选框

当用户再次访问该网站时，就能直接登录该网站。每个 Web 浏览器都会有独立的空间来存放 Cookie。这就相当于给 Web 浏览器颁发了一个通行证，每人一个，无论谁访问都必须携带自己的通行证。这样，Web 服务器就能从通行证上确认客户身份了。这就是 Cookie 的工作原理。值得注意的是，现在 Cookie 文件中的内容大多经过加密处理，虽然表面看上去是一些字母和数字的组合，但是需要 Web 服务器的 CGI 处理程序才会知道它真正的含义。

（2）Cookie 经常使用的场景。

①用来记录访客的一些信息，例如，访客登录的用户名和密码，购物车里的商品信息，访客访问网页的次数等。

②在 Web 浏览器之间传递变量，例如，如果用户需要声明一个变量 username=jessica，想把这个变量传递到另一个页面，就可以把变量 username 用 Cookie 的形式保存下来，然后到那一页去读取这个变量的值。

③可以把一些页面 CSS、图片存储在 Cookie 的临时文件夹中，这样当用户再次访问该网页时，会大大提高浏览的速度。

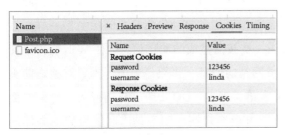

图 2.7　网页中的 Cookies

（3）Cookie 的操作（创建、读取、删除）。

①创建 Cookie。Cookie 是 HTTP 头部的组成部分，而头部是必须在页面的其他内容之前发送的，所以它必须最先输出。例如，Python 使用 CookieJar 来完成一个登录，网页中的 Cookies 如图 2.7 所示。

Python 中创建 Cookies 的代码如下。

```python
# 导入 request 库
from urllib import request
# 导入 parse 库
from urllib import parse
# 将 Cookie 保存到本地文件或读取的一个类 LWPCookieJar
from http.cookiejar import LWPCookieJar, CookieJar
# 创建 Cookie 管理
cookie_obj = LWPCookieJar(filename='cookies.txt')
handler = request.HTTPCookieProcessor(cookie_obj)
opener = request.build_opener(handler)
response = opener.open('http://localhost/Post.php')
cookie_obj.save(ignore_expires=True, ignore_discard=True)
# 打印 Cookie
for cookie in cookie_obj:
    print('key:', cookie.name)
    print('value:', cookie.value)
```

输出结果如下。

```
key: password
value: 123456
key: username
value: linda
```

②读取 Cookie。如果要管理 HTTP Cookie，先生成一个管理 Cookie 的对象，再创建属于 HTTPCookieProcessor 并支持 Cookie 的 opener 对象。默认情况下，HTTPCookieProcessor 使用 CookieJar 对象，将不同类型的 CookieJar 对象作为 HTTPCookieProcessor 的参数提供，可支持不同的 Cookie 处理。

```
from http.cookiejar import CookieJar
from urllib.request import HTTPCookieProcessor, build_opener
# -------------------- 获取 Cookie--------------------
# 生成一个管理 Cookie 的对象
cookie_obj = CookieJar()
# 创建一个支持 Cookie 的对象，对象属于 HTTPCookieProcessor
cookie_handler = HTTPCookieProcessor(cookie_obj)
# 创建一个 opener
opener = build_opener(cookie_handler)
response = opener.open('http://localhost/Post.php')
print(response)
# 打印 Cookie
for cookie in cookie_obj:
    print('keys:', cookie.name)
    print('values:', cookie.value)
```

输出结果如下。

```
keys: password
values: 123456
keys: username
values: linda
```

③删除 Cookie。当 Cookie 被创建后，如果没有设置它的有效时间，那么当 Web 浏览器全部关闭时 Cookie 就会全部删除。如果想要在浏览器关闭之前将 Cookie 删除，方法有两个：一个是将 Cookie 的对象清空即可，如 cookie_objs.clear()；另一个是在浏览器中手动删除 Cookie，一般可以通过在大多数浏览器上按"Ctrl + Shift + Delete"快捷键打开菜单来清除缓存和 Cookie。如果此步骤不起作用，下面还会介绍常用的浏览器如何清除缓存和 Cookie。

④ IE8/IE9/IE10/IE11 浏览器清除缓存和 Cookie。打开 IE 浏览器，单击右上角的齿轮图标，选择 "Internet 选项"选项，如图 2.8 所示。接下来将弹出如图 2.9 所示的对话框，单击"删除"按钮。接下来又将弹出如图 2.10 所示的对话框，选择"Cookie 和网站数据"复选框，单击"删除"按钮即可。

图 2.8　选择"Internet 选项"选项

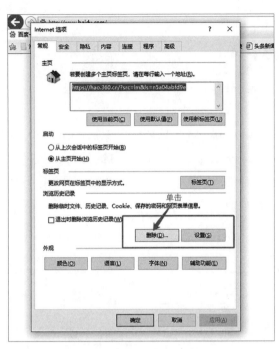

图 2.9　"Internet 选项"对话框

⑤火狐（Firefox）浏览器清除缓存和 Cookie。打开火狐浏览器，单击右上角的三条横线图标，选择"选项"选项，如图 2.11 所示。接下来将弹出如图 2.12 所示的对话框，选择"隐私与安全"选项，网页右侧将显示"Cookie 和网站数据"，如图 2.13 所示，单击"清除数据"按钮，将会弹出如图 2.14 所示的提示框，单击"清除"按钮即可。

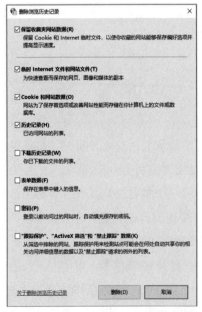

图 2.10　"删除浏览历史记录"对话框

图 2.11　选择"选项"选项

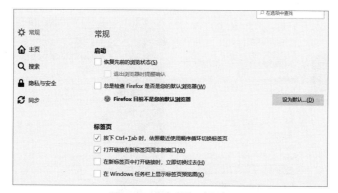

图 2.12　"选项"对话框

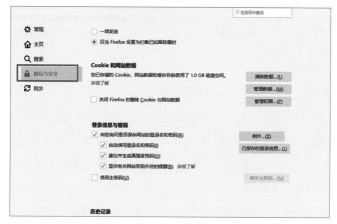

图 2.13　"隐私与安全"对话框

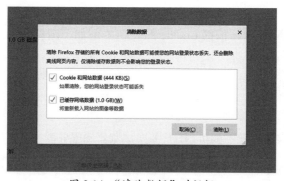

图 2.14　"清除数据"对话框

⑥谷歌（Chrome）浏览器清除缓存和 Cookie。打开谷歌浏览器，单击右上角的三个点图标，选择"更多工具"→"清除浏览数据"选项，如图 2.15 所示。接下来将弹出如图 2.16 所示的"清除浏览数据"对话框，单击"清除数据"按钮即可。

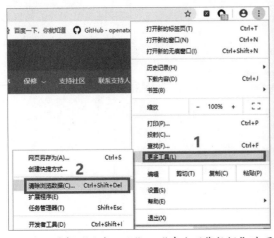

图 2.15　选择"更多工具"→"清除浏览数据"选项　　　　图 2.16　"清除浏览数据"对话框

（4）Cookie 的生命周期。

Cookie 保存在客户端，分为内存 Cookie 和硬盘 Cookie。

如果 Cookie 不设置失效时间，那么它的生命周期是在浏览器关闭之前，它一般在内存中，也称为内存 Cookie。如果设置了失效时间，则 Cookie 会保存到客户端的硬盘中，下次还可以继续使用，直到过了它的有效期，一般用于长久保持用户登录状态。这个 Cookie 称为硬盘 Cookie。

需要注意的是，浏览器最多允许存储 300 个 Cookie 文件，而且每个 Cookie 文件的最大容量为 4KB；每个域名最多允许 20 个 Cookie。到期后，浏览器会自动删除这些 Cookie 文件。如果客户在浏览器中禁止使用 Cookie，那么 Cookie 就不起任何作用了。

（5）Cookie 的作用域。

Cookie 具有不可跨域名性。根据 Cookie 的规范，例如，浏览器访问淘宝只会携带淘宝的 Cookie，而不会携带京东的 Cookie。淘宝也只能操作淘宝的 Cookie，而不能操作京东的 Cookie。

2. Session 管理

（1）Session 的概念和工作原理。

Session 是另一种记录客户状态的机制，是一次浏览器和服务器的交互的会话。会话是什么呢？浏览器请求一次服务器，服务器接收请求，处理之后，给出响应，这就是一次会话。为了记录 Session，在客户端和服务器端都要保存数据，客户端记录一个标记（session_id），服务器端不但存储了这个标记同时还存储了这个标记映射的数据（key-value）。在服务器端记录的 key-value，其中 key 是指 session_id，value 是指 Session 的详细内容。用户在做 HTTP 请求时，会生成一个随机且唯一的 session_id，并传递给服务器，服务器把它存储在内存中。然后服务器根据这个 session_id 来查询 Session 的内容（即 value）。当关闭页面时，此 session_id 会自动注销，重新登录此页面时，又会再次生成随机且唯一的 session_id。Session 的工作原理如图 2.17 所示。

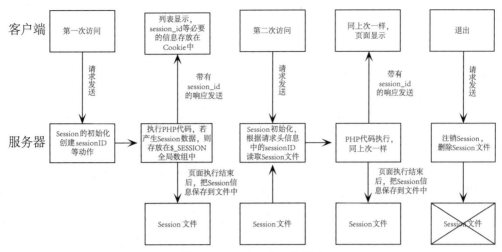

图 2.17　Session 的工作原理

（2）Session 经常使用的场景。

Session 和 Cookie 在本质上没有什么区别，都是针对 HTTP 的无状态而提出的，因为是无状态的，所以无法得知用户的浏览状态和信息。通过 Session 则可以记录用户指定的相关信息，以供用户以此身份和信息再次登录此网页，提交请求时做确认。例如，在购物网站，通过 Session 可以记录用户的登录信息，用户浏览了哪些商品，购物车里放了哪些商品，以及用户购买了哪些商品等。要是没有 Session，用户每次进入一个页面都需要输入一次用户名和密码。

Session 适用于存储信息量比较少并且对存储内容不需要长期存储的情况。

（3）Session 的操作。

在 Python 中可以通过 requests.Session() 进行请求，Session 对象的作用就是自动记录 Cookies 值，如模拟登录状态，即有些操作是必须用户登录后才可以进行的。常见的是在请求中加入 sid，或者将 sid 写在 Cookie 中。sid 是登录接口中响应的一个字段，可以使用 jsonpath 解析获取到的 JSON 数据。Cookie 中的内容和 sid 的值在后端都是保存下来的，两者要做匹配，匹配好接口才可以正常访问。如下例所示，通过创建，读取 Session 进行模拟登录。

```python
import requests    # 导入 requests 模块
from jsonpath import jsonpath    # 导入 jsonpath 模块
login_api = 'http://localhost/user/login?sid='
login_username = 'linda'
login_params = {'verifyCode': 'abcde', 'password': '123456',
                'email': login_username}
s = requests.Session()    # 建立 requests.Session() 请求
r = s.post(login_api, data=login_params)    # 发送头信息
sid = jsonpath(r.json(), '$..sid')[0]    # 使用 jsonpath 解析获取到的 JSON 数据
user_detail_api = 'http://localhost/user/1?sid=%s' %sid    # 在 URL 中加入 sid
```

```
result = s.get(user_detail_api)
print(result.text)
```

（4）Session 的生命周期。

Session 的生命周期默认是 30 分钟，为了获得更高的存取速度，服务器一般把 Session 放在内存中。每个用户都会有一个独立的 Session。Session 在用户第一次访问服务器时自动创建。需要注意的是，只有访问 JSP、Servlet 等程序时才会创建 Session，只访问 HTML、IMAGE 等静态资源并不会创建 Session。如果尚未生成 Session，也可以使用 request.getSession(true) 强制生成 Session。Session 生成后，只要用户继续访问，服务器就会更新 Session 的最后访问时间，并维护该 Session。用户每访问服务器一次，无论是否读写 Session，服务器都认为该用户的 Session "活跃"（active）了一次。由于会有越来越多的用户访问服务器，因此 Session 也会越来越多。为防止内存溢出，服务器会把长时间内没有活跃的 Session 从内存中删除，而这个时间就是 Session 的超时时间。如果超过了超时时间没访问过服务器，Session 就自动失效了。Session 的超时时间可以通过调用 Session 的 invalidate() 方法使 Session 失效。

2.3 爬虫经常用的 Python 语法

使用 Python 编写爬虫，首先要了解 Python 的一些基本语法。本节将介绍 requests、正则表达式、BeautifulSoup 的用法、XPath 的语法，以及如何用 CSS 选择器提取元素。

2.3.1 requests

1. requests 简介

requests 是一个优雅而简单的 HTTP 库，它可以使用 Python 语言编写，而且可以非常容易地发送 HTTP/1.1 请求；不需要手动向 URL 添加查询字符串，也不需要对 POST 数据进行表单编码。requests 可以方便地对网页进行爬取，是学习 Python 爬虫较好的 HTTP 请求模块，它比 urllib2 模块更简洁。requests 会自动实现持久连接 keep-alive，支持使用 Cookie 保持会话，支持文件上传，支持自动响应内容的编码，支持国际化的 URL 和 POST 数据自动编码。

图 2.18　显示的网页

例如，如果需要读取图 2.18 显示的网页，判断是否返回正确，并且打印出它的网页内容，就可以用以下操作。

```
import requests
```

```
r = requests.get('http://localhost/insert.php')  # 通过 requests 建立请求
code = r.status_code   # 获取状态值
print('code: ', code)
print(r.text)
```

输出结果如下。

```
code:  200
<!DOCTYPE html>
<html lang="en">
<head>
    <meta charset="UTF-8">
    <title>Document</title>
</head>
<body>
    <form action="denglu.php" method="post">
        用户名：<input type="text" name="Username" >
        <br>
        密码：<input type="text" name="Password" >
        <br>
        <input type="submit" name="submit" value="Submit">
    </form>
</body>
</html>
```

2. requests 的安装

（1）用 pip 命令安装。

Windows 系统下，按"Win + R"快捷键，打开"运行"对话框，输入"cmd"，单击"确定"按钮，打开 CMD 命令行窗口，输入命令"pip install requests"即可安装。

在 Linux 系统下的命令行界面，输入命令"sudo pip install requests"即可安装。

（2）用下载包进行安装。

因为 pip 命令可能安装失败，所以有时就要通过下载第三方库文件来进行安装。在 GitHub 上把第三方库文件下载到本地，地址为 https://github.com/requests/requests，然后解压到 Python 安装目录。打开解压文件，并在 CMD 命令行窗口中输入"python setup.py install"即可安装。

3. requests 的使用方法

requests 库中有 7 个主要的函数，分别是 request()、get()、head()、post()、put()、patch() 和 delete()。其中，request() 函数是其余 6 个函数的基础函数，其余 6 个函数的实现都是通过调用该函数实现的，它们都返回 response 对象的一个实例。表 2.1 所示为这些函数的说明。

表 2.1   requests 库中主要函数（方法）的说明

方法	说明
requests.request()	构造一个请求，支持以下方法
requests.get()	获取 HTML 网页的主要方法，对应于 HTTP 的 GET
requests.post()	向 HTML 网页提交 POST 请求的方法，对应于 HTTP 的 POST
requests.put()	向 HTML 网页提交 PUT 请求的方法，对应于 HTTP 的 PUT
requests.head()	获取 HTML 网页头信息的方法，对应于 HTTP 的 HEAD
requests.patch()	向 HTML 网页提交局部修改的请求，对应于 HTTP 的 PATCH
requests.delete()	向 HTML 网页提交删除请求，对应于 HTTP 的 DELETE

（1）requests.request()。

构造并发送一个 request，返回一个 response 对象。支持其他所有的方法，具体参数如下。

```
r = requests.request(method, url, **kwargs)
```

① method：请求方式，有 GET、POST、PUT、HEAD、PATCH、DELETE 等。

② url：拟获取网页的 URL 链接。

③ **kwargs：控制访问的参数，共 12 个，均为可选项，表 2.2 所示为这些参数的说明。

表 2.2   控制访问参数的说明

参数	说明
params	在查询字符串中发送的字典或字节，使用这个参数可以把一些键值对以"?key1=value1&key2=value2"的模式增加到 URL 链接中
data	字典或元组列表以表单编码，字节或类似文件的对象在主体中发送 [(key, value)]，data 提交的数据并不放在 URL 链接中，而是放在 URL 链接对应位置的地方作为数据来存储。它也可以接收一个字符串对象
json	JSON 格式的数据，它是一个 JSON 可序列化的 Python 对象，在主体中发送 request
headers	用于编写 HTTP 头信息，可以用这个字段来定义 HTTP 的访问的 HTTP 头，可以用来模拟任何我们想模拟的浏览器来对 URL 发起访问
cookies	字典或 CookieJar，指的是从 HTTP 中解析 Cookie。用 dict 或 CookieJar 对象发送 Cookies
auth	身份验证元组，用来支持 HTTP 认证功能
timeout	用于设置超时时间，单位为秒，当发起一个 GET 请求时可以设置一个 timeout 时间，如果在 timeout 时间内请求内容没有返回，就产生一个 timeout 的异常。如果设置为 None，则为永久等待

参数	说明
allow_redirects	布尔值，启用或禁用 GET、OPTIONS、POST、PUT、PATCH、DELETE、HEAD 重定向，默认为 True
proxies	字典，用来设置访问代理服务器的 URL
verify	可以是布尔值，可以指定验证服务器的证书路径，用于认证 SSL 证书，默认为 True
stream	指是否对获取内容进行立即下载，默认为 True。如果为 False，则获取内容将立即下载
cert	如果是 string，则为 SSL 客户端证书文件路径，用于设置保存本地 SSL 证书路径。如果是元组，则 ('cert', 'key') 指定证书和密钥

（2）requests.get()。

它是最常用的函数，获得一个网页最简单直接的方法如下。

```
r = requests.get(url)   # 向服务器请求资源
```

具体参数如下。

```
r = requests.get(url, params, **kwargs)
```

① url：拟获取网页的 URL 链接。

② params：url 中的额外参数，字典或字节流格式，可选项。

③ **kwargs：控制访问的参数，共 12 个，如表 2.2 所示。

其中，响应内容（response 对象）的处理，示例代码如下。

```
import requests
username = "admin"
password = "admin"
value = {
    "UserName": username,
    "Password": password
    }
r = requests.get('http://localhost/denglu.php', params=value)   # 用 GET 形式提交参数
# 查看状态码，是 HTTP 请求的返回状态，若为 200 则表示请求成功
code = r.status_code
print('code: ', code)
# 打印响应头信息，返回的是一个字典对象
print('Headers:', r.headers)
# Cookies 信息，返回的是一个字典对象
cookies = r.cookies
# 打印出具体的 Cookies 信息
for item in cookies.items():
```

```
    print('Cookie:', item)
# 响应内容的字符串形式，即返回的页面内容
print(r.text)
```

输出结果如下。

```
code:  200
Headers: {'Date': 'Mon, 27 Jan 2020 07:39:49 GMT', 'Server': 'Apache/2.4.23
(Win32) OpenSSL/1.0.2j mod_fcgid/2.3.9', 'X-Powered-By': 'PHP/7.0.12',
'Expires': 'Thu, 19 Nov 1981 08:52:00 GMT', 'Cache-Control': 'no-store,
no-cache, must-revalidate', 'Pragma': 'no-cache', 'Set-Cookie': 'PHPSESSID=
j5m0f6hambbd0o319vvhn43og1; path=/', 'Keep-Alive': 'timeout=5, max=100',
'Connection': 'Keep-Alive', 'Transfer-Encoding': 'chunked', 'Content-Type':
'text/html; charset=UTF-8'}
Cookie: ('PHPSESSID', 'j5m0f6hambbd0o319vvhn43og1')
<!DOCTYPE html>
<html lang="en">
<head>
    <meta charset="UTF-8">
    <title> 登录后的主页 </title>
</head>
<body>
    <p>Username: admin</p>
</body>
</html>
Process finished with exit code 0
```

（3）requests.post()。

发送 POST 请求，具体参数如下。

```
r = requests.post(url, data=None, json=None, **kwargs)
```

其中，url 为拟获取网页的 URL 链接；data 可以是字典也可以是元组列表，将被表单编码，以字节或文件对象在数据主体中发送；json 是在 JSON 数据中发送正文，并返回一个 response 对象；**kwargs 为控制访问的参数，如表 2.2 所示。

requests.post() 的传送方式，示例代码如下。

```
import requests
url = "http://localhost/testdenglu.php"
data = {
    "UserName": "admin",
    "Password": "12345678"
    }
head = {
```

```
        'Content-Type': 'application/x-www-form-urlencoded'
    }
res = requests.post(url, data=data, headers=head)
print(res.text)
```

输出结果如下。

```
{"Username": "admin", "Password": "12345678"}
Process finished with exit code 0
```

（4）requests.put()。

发送 PUT 请求，具体参数如下，将返回一个 response 对象。

```
r = requests.put(url, data=None, **kwargs)
```

示例代码如下。

```
import requests
url = "http://localhost/testdenglu.php"
username = "admin"
password = "admin"
data = {
    "UserName": username,
    "Password": password
    }
head = {
    'Content-Type': 'application/x-www-form-urlencoded'
    }
res = requests.post(url, data=data, headers=head)
print(res.text)
```

输出结果如下。

```
{"Username": "admin", "Password": "admin"}
Process finished with exit code 0
```

（5）requests.head()。

发送 HEAD 请求，具体参数如下，将返回一个 response 对象。

```
r = requests.head(url, **kwargs)
```

示例代码如下。

```
from requests import head
header = head('http://localhost/testdenglu.php')
print('headers:', header.headers)    # 返回头信息
```

输出结果如下。

```
headers: {'Date': 'Tue, 28 Jan 2020 06:20:34 GMT', 'Server': 'Apache/2.4.23
(Win32) OpenSSL/1.0.2j mod_fcgid/2.3.9', 'X-Powered-By': 'PHP/7.0.12',
'Keep-Alive': 'timeout=5, max=100', 'Connection': 'Keep-Alive', 'Content-Type':
'text/html; charset=UTF-8'}
Process finished with exit code 0
```

（6）requests.patch()。

requests.patch 与 request.put 类似。两者不同的是，当用 patch 时，仅需要提交需要修改的字段。而用 put 时，必须将 20 个字段一起提交到 URL，未提交字段将会被删除。patch 的好处是节省网络带宽。

（7）requests.delete()。

发送 DELETE 请求，具体参数如下，将返回一个 response 对象。

```
r = requests.delete(url, **kwargs)
```

示例代码如下。

```
import requests
import json
url = "https://api.github.com/user/emails
email = ["qingying@163.com"]
text = requests.delete(url, json=email, auth=('username', 'password'))
print(text.headers)
```

输出结果如下。

```
204
Process finished with exit code 0
```

requests 库的异常处理：requests 库有时会产生异常，如网络连接错误异常、HTTP 错误异常、重定向异常、请求 URL 超时异常等。所以，需要判断 r.status_codes 是否等于 200。这里可以利用 r.raise_for_status() 语句去捕捉异常，该语句在方法内部判断 r.status_code 是否等于 200，如果不等于，则抛出异常，示例代码如下。

```
try:
    r = requests.get(url, timeout=60)   # 请求超时时间为 60 秒
    r.raise_for_status()   # 如果状态不是 200，则引发异常
    return r.text
except:
    return "产生异常"
```

2.3.2 正则表达式

1. 正则表达式的概念和作用

规定一些特殊语法表示字符类、数量限定符和位置关系，然后用这些特殊语法和普通字符组合在一起表示一个规则，用来对字符串进行过滤，这就是正则表达式。

正则表达式有两个作用：一个是判断给定的字符串是否符合正则表达式的过滤逻辑（称为"匹配"）；另一个是通过正则表达式，从字符串中获取我们想要的特定部分。

2. 正则表达式的简单应用及 Python 示例

正则表达式由字符类、数量限定符、位置限定符或特殊字符组成。下面通过 Python 代码来演示如何使用正则表达式的逻辑获取想要的字符串。

（1）^ 代表匹配字符串开始位置的第一个字符或子表达式。

示例代码如下。

```
import re     # re 是专门用于正则表达式的模块（Python 内嵌的包）
char = "linda1234"
regex_str = "^l"
# 使用 match 方法进行匹配操作，基本参数为 a = re.match(pattern, string, flags=0)
# pattern 为匹配规则模式，string 为要匹配的字符串
result = re.match(regex_str, char)     # 使用 match 方法进行匹配操作
if result:
    print(result.group())
else:
    print(' 匹配不成功 ')
```

输出结果如下。

```
l
Process finished with exit code 0
```

（2）* 代表任意字符，表示前面的字符可以重复任意多次（字符出现大于等于 0 次）。

示例代码如下。

```
import re     # re 是专门用于正则表达式的模块（Python 内嵌的包）
char = "linda1234"
regex_str = "^l.*"
result = re.match(regex_str, char)     # 使用 match 方法进行匹配操作
if result:
    print(result.group())
```

```
else:
    print(' 匹配不成功 ')
```

输出结果如下。

```
linda1234
Process finished with exit code 0
```

（3）$ 代表匹配字符串结尾位置的最后一个字符。

示例代码如下。

```
import re     # re 是专门用于正则表达式的模块（Python 内嵌的包）
char = "linda12345"
regex_str = " .*5$"
result = re.match(regex_str, char)     # 使用 match 方法进行匹配操作
if result:
    print(result.group())
else:
    print(' 匹配不成功 ')
```

输出结果如下。

```
linda12345
Process finished with exit code 0
```

（4）? 代表非贪婪模式，一般默认情况下是贪婪模式。贪婪模式：正则表达式一般趋向于最大长度匹配，也就是所谓的贪婪匹配。非贪婪模式：在整个表达式匹配成功的前提下，尽可能少的匹配。

示例代码如下（只取第一个括号中的字符串）。

```
import re     # re 是专门用于正则表达式的模块（Python 内嵌的包）
char = "doooocdddpylina456"
regex_str = " .*?(d.*?d).*"
result = re.match(regex_str, char)     # 使用 match 方法进行匹配操作
if result:
    print(result.group(1))
else:
    print(' 匹配不成功 ')
```

输出结果如下。

```
doooocd
Process finished with exit code 0
```

（5）+ 代表字符至少出现一次，即限定词大于等于一次。

示例代码如下（只取第一个括号中的字符串）。

```
import re  # re 是专门用于正则表达式的模块（Python 内嵌的包）
char = "doooocdddpylina456"
regex_str = " .*(d.+d).*"
result = re.match(regex_str, char)  # 使用 match 方法进行匹配操作
if result:
    print(result.group(1))
else:
    print(' 匹配不成功 ')
```

输出结果如下。

```
ddd
Process finished with exit code 0
```

（6）{N},{N,},{N,M} 是限定词，其中 {N} 代表字符出现 N 次；{N,} 代表字符出现 N 次以上；{N,M} 代表字符最少出现 N 次，最多出现 M 次。

示例代码如下。

```
import re   # re 是专门用于正则表达式的模块（Python 内嵌的包）
char = "doooocddadpylina456"
regex_str = " .*(d.{2}d).*"
result = re.match(regex_str, char)  # 使用 match 方法进行匹配操作
if result:
    print("限定中间字符出现 N 次：", result.group(1))
else:
    print(' 匹配不成功 ')
regex_str = " .*(d.{3,}d).*"
result = re.match(regex_str, char)
if result:
    print("限定中间字符出现 N 次以上：", result.group(1))
else:
    print(' 匹配不成功 ')
regex_str = " .*(d.{3,6}d).*"
result = re.match(regex_str, char)  # 使用 match 方法进行匹配操作
if result:
    print("限定中间字符出现最少 3 次，最多 6 次：", result.group(1))
else:
    print(' 匹配不成功 ')
```

输出结果如下。

```
限定中间字符出现 N 次：  ddad
限定中间字符出现 N 次以上：  doooocddad
```

限定中间字符出现最少 3 次，最多 6 次： doooocdd
Process finished with exit code 0

（7）[ ] 代表匹配字符串中的任意一个字符，[ ] 还可以设置区间。

示例代码如下。

```
import re    # re 是专门用于正则表达式的模块（Python 内嵌的包）
char = "doooocddaddadpylina45678"
regex_str = " .*([abcd]dpylina45678).*"
result = re.match(regex_str, char)   # 使用 match 方法进行匹配操作
if result:
    print(result.group(1))
else:
    print(' 匹配不成功 ')
regex_str = " .*(a[0-9]{3}).*"
result = re.match(regex_str, char)    # 使用 match 方法进行匹配操作
if result:
    print(" 设置区间： ", result.group(1))
else:
    print(' 匹配不成功 ')
```

输出结果如下。

```
adpylina45678
设置区间： a456
Process finished with exit code 0
```

（8）\s 代表匹配任意空白字符，\S 代表匹配非空白字符（与 \s 正好相反）。

示例代码如下。

```
import re    # re 是专门用于正则表达式的模块（Python 内嵌的包）
char = "Welcome back! "
regex_str = "(Welcome\sback!)"
result = re.match(regex_str, char)    # 使用 match 方法进行匹配操作
if result:
    print(result.group(1))
else:
    print(' 匹配不成功 ')
char2 = " 欢迎回来 "
regex_str = "( 欢迎 \S 来 )"
result = re.match(regex_str, char2)     # 使用 match 方法进行匹配操作
if result:
    print(" 大写的 S： ", result.group(1))
else:
    print(' 匹配不成功 ')
```

输出结果如下。

```
Welcome back!
大写的 S:  欢迎回来
Process finished with exit code 0
```

（9）\w 代表匹配字母（A～Z、a～z）、数字（0～9）和下划线（_），\W 与 \w 正好相反。

示例代码如下。

```
import re  # re 是专门用于正则表达式的模块（Python 内嵌的包）
char = " 欢迎回来 "
regex_str = "( 欢 \w+ 来 )"
result = re.match(regex_str, char)   # 使用 match 方法进行匹配操作
if result:
    print(result.group(1))
else:
    print(' 匹配不成功 ')
```

输出结果如下。

```
欢迎回来
Process finished with exit code 0
```

（10）\d 代表匹配数字。

示例代码如下。

```
import re  # re 是专门用于正则表达式的模块（Python 内嵌的包）
char = " 小明出生于 2005 年 "
regex_str = " .*?(\d+) 年 "
result = re.match(regex_str, char)   # 使用 match 方法进行匹配操作
if result:
    print(result.group(1))
else:
    print(' 匹配不成功 ')
```

输出结果如下。

```
2005 年
Process finished with exit code 0
```

2.3.3 BeautifulSoup 的用法

1. BeautifulSoup 的概念

BeautifulSoup 是一个可以从 HTML 或 XML 文件中快速提取数据的 Python 库。它能够通过转

换器实现惯用的文档导航，查找、修改文档的方式。它是基于 HTML DOM 的，会载入整个 HTML 文档，将复杂的 HTML 文档转换成一个复杂的树形结构（DOM 树），最后解析整个 DOM 树。它共有 4 种类型，对于爬虫解析来说，主要用其中的遍历文档树和搜索文档树。BeautifulSoup 用来解析 HTML 比较简单，API 非常人性化，支持 CSS 选择器、Python 标准库中的 HTML 解析器，也支持 lxml 的 XML 解析器。

2. BeautifulSoup 的安装

BeautifulSoup 分三步进行安装、导入和创建对象。

（1）先安装 BeautifulSoup4，命令为"pip install beautifulsoup4"，再通过以下代码测试安装是否成功。

```
import bs4
print(bs4)
```

如果输出结果如下，则表示 BeautifulSoup4 安装成功。

```
<module 'bs4' from 'E:\\python37\\venv\\lib\\site-packages\\bs4\\__init__.py'>
Process finished with exit code 0
```

（2）在 Python 中导入 from bs4 import BeautifulSoup 模块。

（3）创建 BeautifulSoup 对象。

```
from bs4 import BeautifulSoup  # 导入 BeautifulSoup 模块
html_doc = """
<html><head><title>Test BeautifulSoup</title></head>
<body>
<p class="title"><b>Test BeautifulSoup</b></p>
<p class="test">Well come to Qingying!
<a href="https://www.qingyimgtech.com/top" id="link1">Top</a>,
<a href="https://ewww.qingyimgtech.com/middle" id="link2">Middle</a> and
<a href="https://www.qingyimgtech.com/bottom" id="link3">Bottom</a>;
</p>
<p class="other">...</p>
"""
beautifulobj = BeautifulSoup(html_doc, 'lxml')  # 指定 lxml 解析器解析
print(beautifulobj.prettify()) # 按照 lxml 格式打印
```

输出结果如下。

```
<html>
 <head>
  <title>
   Test BeautifulSoup
```

```
  </title>
 </head>
 <body>
  <p class="title">
   <b>
    Test BeautifulSoup
   </b>
  </p>
  <p class="test">
   Well come to Qingying!
   <a href="https://www.qingyimgtech.com/top" id="link1">
    Top
   </a>
   ,
   <a href="https://ewww.qingyimgtech.com/middle" id="link2">
    Middle
   </a>
   and
   <a href="https://www.qingyimgtech.com/bottom" id="link3">
    Bottom
   </a>
   ;
  </p>
  <p class="other">
   ...
  </p>
 </body>
</html>
Process finished with exit code 0
```

3. BeautifulSoup 的语法及应用举例

下面根据下载的 HTML 网页，创建 BeautifulSoup 对象。在创建对象的同时，将整个文档字符串下载成一个 DOM 树，然后根据这个 DOM 树，可以进行各种节点的搜索。搜索方法如下：find_all(name, attrs, string)，搜索出所有满足要求的节点；find(name, attrs, string)，只搜索出第一个满足要求的节点。其中，name 为节点名称，attrs 为节点属性，string 为节点文字。搜索网页，提取元素如图 2.19 所示。

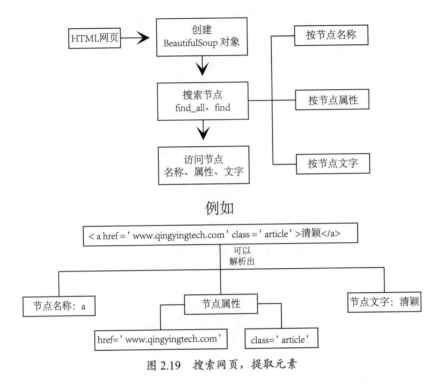

图 2.19 搜索网页，提取元素

遍历文档树（DOM 树），就是通过方法获取指定的节点和节点集，包括方法、子节点、父节点、兄弟节点、前进后退等。下面通过示例代码来演示如何搜索网页，提取元素。

```python
from bs4 import BeautifulSoup
import re
html_doc = """
<html><head><title>Test BeautifulSoup</title></head>
<body>
<p class="title"><b>Test BeautifulSoup</b></p>
<p class="test">Well come to Qingying!
<a href="https://www.qingyimgtech.com/top" id="link1">Top</a>,
<a href="https://ewww.qingyimgtech.com/middle" id="link2">Middle</a> and
<a href="https://www.qingyimgtech.com/bottom" id="link3">Bottom</a>;
</p>
<p class="other">...</p>
"""
soup = BeautifulSoup(html_doc, 'html.parser')
links = soup.find_all('a')
print('获取所有的链接：')
for link in links:
    print(link.name, link['href'], link.get_text())
print('获取 Middle 的链接，正则匹配：')
```

```
link_node = soup.find('a', href=re.compile(r"tom"))
print(link_node.name, link_node['href'], link_node.get_text())
print(' 获取 p 段落的文字，class="title" 的文字 ')
p_node = soup.find('p', class_="title")
print(p_node.name, p_node.get_text())
```

输出结果如下。

```
获取所有的链接：
a https://www.qingyimgtech.com/top Top
a https://ewww.qingyimgtech.com/middle Middle
a https://www.qingyimgtech.com/bottom Bottom
获取 Middle 的链接，正则匹配：
a https://www.qingyimgtech.com/bottom Bottom
获取 p 段落的文字，class="title" 的文字
p Test BeautifulSoup
Process finished with exit code 0
```

2.3.4 XPath 的语法

XPath 即为 XML 路径语言（XML Path Language），它是一种用来确定 XML 文档中某部分位置的语言。XPath 基于 XML 的树状结构，提供在数据结构树中找寻节点的能力。XPath 使用路径表达式来选取 XML 文档中的节点或节点集。节点是通过沿着路径（path）或步（steps）来选取的。这些路径表达式和在常规的计算机文件系统中看到的表达式非常相似。

表 2.3 列出了 XPath 的常用规则。

表 2.3　XPath 的常用规则

表达式	描述
nodename	选取此节点的所有子节点
/	从当前节点选取直接子节点
//	从当前节点选取子孙节点
.	选取当前节点
..	选取当前节点的父节点
@	选取属性

XPath 可以通过语法准确地定位到我们需要提取的数据，表 2.4 列出了 XPath 的常用语法。

表2.4　XPath 的常用语法

表达式	结果
shop	选取 shop 元素的所有子节点
/shop	选取根元素 shop
shop/p	选取属于 shop 子元素的所有 p 元素
//div	选取所有 div 子元素，而不管它们在文档中的位置
shop//div	选取属于 shop 元素的后代的所有 div 元素，而不管它们位于 shop 之下的什么位置
//@class	选取所有名为 class 的属性
/shop/div[1]	选取属于 shop 子元素的第一个 div 元素
/shop/div[last()]	选取属于 shop 子元素的最后一个 div 元素
/shop/div[last()-1]	选取属于 shop 子元素的倒数第二个 div 元素
//div[@lang]	选取所有拥有名为 lang 的属性的 div 元素
//div[@lang='eng']	选取所有 div 元素，且这些元素拥有值为 eng 的 lang 属性
/div/*	选取 div 元素的所有子元素
//*	选取文档中的所有元素
//shop[@*]	选取所有带有属性的 shop 元素
//div/a|//div/span	选取所有 div 元素的 a 元素和 span 元素
//span|//ul	选取文档中的 span 元素和 ul 元素
shop/div/p|//span	选取所有属于 shop 元素的 div 元素的 p 元素及文档中的所有 span 元素

　　下面通过一个示例来演示如何用 Python 中的 XPath 语法来提取我们想要的元素。例如，要提取博客园第一个新闻的标题，首先打开 http://news.cnblogs.com 网页，在浏览器中按"F12"键，如图 2.20 所示。

　　提取元素的代码如下。

```
from lxml import etree
import requests
res = requests.get('https://news.cnblogs.com')
res.encoding = 'utf-8'
html_data = res.text
html = etree.HTML(html_data)
result = html.xpath('//*[@id="entry_662380"]/div[2]/h2/a/text()')[0]
print(result)
```

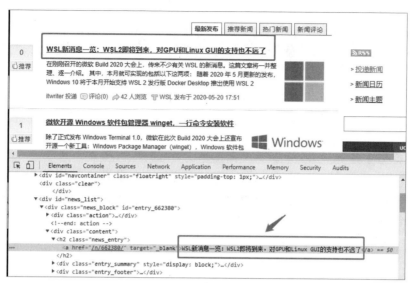

图 2.20　博客园网页

输出结果如下。

```
WSL 新消息一览：WSL2 即将到来，对 GPU 和 Linux GUI 的支持也不远了
Process finished with exit code 0
```

2.3.5 用 CSS 选择器提取元素

在 CSS 中，选择器是一种模式，用于选择需要添加样式的元素。HTML 页面中的元素就是通过 CSS 选择器进行控制的。

CSS 选择器可以通过语法准确地定位到我们需要提取的数据，表 2.5 列出了 CSS 选择器的常用语法。

表 2.5　CSS 选择器的常用语法

表达式	结果
*	选取所有的节点
#shops	选取 id 为 shops 的节点
.shops	选取所有 class 包含 shops 的节点
li p	选取所有 li 下的所有 p 的节点
div#shops>ul	选取 id 为 shops 的 div 的 ul 子元素
span~li	选取前面有 span 元素的每个 li 元素
a[content]	选取所有有 content 属性的 a 元素

续表

表达式	结果
input[type=rooms]:checked	选取已被选中的 rooms 元素
div:not(#shops)	选取所有 id 非 shops 的 div 元素
li:nth-child(2)	选取第二个 li 元素
tr:nth-child(2n)	选取第偶数个 tr

　　通过以上介绍，可以看出 CSS 选择器比 XPath 简单，对于学习过前端的人来说，CSS 选择器是非常容易入手的。但是，CSS 选择器没有 XPath 强大。笔者建议还是用 XPath 作为提取网页元素的主要语言。

2.4　本章小结

　　爬虫是信息和数据获取的一种手段，本章介绍了很多爬虫必备的知识。在继续下一章之前，我们先来看一下在本章学到了什么。

　　（1）爬虫的概念和作用。爬虫的英文一般称为 Spider，就是通过编程来全自动地从互联网上采集数据。如今大数据时代已经到来，网络爬虫技术成为这个时代不可或缺的一部分，企业需要数据来分析用户行为，来分析自己产品的不足之处，来分析竞争对手的信息，等等，但是这些的首要条件就是数据的采集。使用爬虫较为有名的公司有 Google、百度、今日头条等。

　　（2）HTTP。HTTP（HyperText Transfer Protocol）是超文本传输协议。它是应用层协议，同其他应用层协议一样，是为了实现某一类具体应用的协议，并由某一运行在用户空间的应用程序来实现其功能。

　　（3）HTML、CSS 和 JavaScript。HTML + CSS + JavaScript 是做网页前端设计的标准套装。HTML 是超文本标记语言，决定网页的结构及内容，即"网页应该显示哪些内容"。CSS 是层叠样式表，设计网页的表现样式，即"如何让网页显示有关内容"。JavaScript 是一种动态脚本语言，控制网页的行为（效果），即"网页中的内容应该如何对事件做出反应"。对于一个网页而言，HTML 是肉身，CSS 是皮相，JavaScript 是灵魂。

　　（4）DOM 的概念和操作。DOM 是文档对象模型，对象是指文档中的每一个元素。基本节点操作方法如下：appendChild(要添加的元素)［方法］ 追加子元素，insertBefore(新的元素，被插入的元素)［方法］，replaceChild(要插入的节点，被替换节点) 替换子节点 ［方法］，removeChild(要删除的元素) 删除元素 ［方法］。

（5）Ajax 和 JSON。Ajax 通过在后台与服务器进行少量数据交换，使页面实现异步更新；Ajax 是异步的 JavaScript 和 XML，是一种用于创建快速动态网页的技术。JSON 是 JavaScript 对象表示法，是存储和交换文本信息的语法，类似 XML，但比 XML 更小、更快、更易解析、更灵巧。

（6）GET 和 POST 方法。在客户端和服务器端之间进行请求—响应时，两种最常被用到的方法是 GET 和 POST。GET 是从指定的资源请求数据。POST 是向指定的资源提交要被处理的数据。

（7）Cookie 和 Session。Cookie 以文本格式存储在浏览器上，存储量有限，用来维护用户计算机中的信息，直到用户删除。Session 存储在 Web 服务器上，主要负责访问者与网站之间的交互，可以无限量存储多个变量，并且比 Cookie 更安全。

（8）requests。requests 是一个优雅而简单的 HTTP 库，它可以使用 Python 语言编写，为可扩展超文本传输请求。它为客户端提供了在客户端和服务器端之间传输数据的功能。它提供了一个通过 URL 来获取数据的简单方式，并且不会使整个页面刷新。

（9）正则表达式。正则表达式是对字符串［包括普通字符（如 a 到 z 之间的大小写字母，0 到 9 之间的数字）和特殊字符］操作的一种逻辑公式，就是用事先定义好的一些特定字符及这些特定字符的组合，组成一个"规则字符串"，这个"规则字符串"用来表达对字符串的一种过滤逻辑。正则表达式是一种文本模式，该模式描述在搜索文本时要匹配的一个或多个字符串。

（10）BeautifulSoup 的用法。BeautifulSoup 是 Python 的一个 HTML 或 XML 的解析库，利用它可以方便地从网页中提取数据。BeautifulSoup 中 find 和 find_all 的使用方法如下：find(name, attrs, recursive, text, **wargs)，只返回第一个匹配到的对象；find_all(name, attrs, recursive, text, limit, **kwargs)，返回所有匹配到的结果。其中，name 查找标签，attrs 基于 attrs 参数，text 查找文本。

（11）XPath 的语法。XPath 是 XML 路径语言（XML Path Language），其中 HTML 又是 XML 的子集。XPath 使用路径表达式来选取 XML 文档中的节点或节点集。常用的 XPath 语法只有三类，即层级（如 /、//、.）、属性（如 @）和函数（如 text()、contains(A,B)、last()）。

（12）用 CSS 选择器提取元素。CSS 选择器是元素选择器。可以使用 CSS 选择器查找和提取元素。按照 HTML 标签的结构可以分为标签属性值元素的提取和标签内容元素的提取。

第 3 章

Scrapy 开发环境的搭建

本章将介绍 Scrapy 开发环境是如何搭建的，包括 Python 的安装及其运行环境的配置、3 种数据库的安装及配置，以及一些支持库的安装。

3.1 安装 Python

Scarpy 用的是 Python 语言，本节将介绍如何在 Windows 和 Linux 系统中安装 Python 并设置其环境变量，以及如何启动运行它。

3.1.1 在 Windows 系统中安装及运行 Python

要在 Windows 系统中安装 Python，请参照下面的步骤进行操作。

（1）打开浏览器，访问 Python 官网，选择"Downloads"选项卡中的"Windows"选项，进入下载页面，根据计算机操作系统的位数选择适合自己的 Python 版本，然后单击"Download"链接下载。笔者的计算机安装的是 64 位的 Windows 10 系统，所以这里选择的是 Python 3.7.6 的 Windows x86-64 executable installer 安装包，如图 3.1 所示。

（2）下载到本地计算机后，双击安装包，选择定制安装，如图 3.2 所示。

图 3.1　Python 3.7.6 的安装包

图 3.2　选择定制安装

（3）单击"Next"按钮，继续安装，如图 3.3 所示。

（4）可以更改安装路径，单击"Install"按钮进行安装，如图 3.4 所示。

（5）安装完成后如图 3.5 所示，单击"Close"按钮，关闭窗口。

（6）接下来，配置运行 Python 的环境变量。

①右击"此电脑"，在弹出的快捷菜单中选择"属性"选项，如图 3.6 所示。

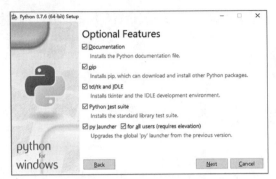

图 3.3 单击"Next"按钮

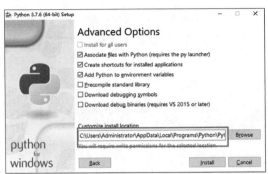

图 3.4 更改安装路径，单击"Install"按钮进行安装

图 3.5 Python 安装完成窗口

图 3.6 右键单击"此电脑"并选择"属性"选项

②在打开的窗口中选择"高级系统设置"选项，如图 3.7 所示。

③在弹出的"系统属性"对话框中选择"高级"选项卡，单击"环境变量"按钮，如图 3.8 所示。

图 3.7 选择"高级系统设置"选项

图 3.8 "系统属性"对话框

④在弹出的"环境变量"对话框的"系统变量"列表框中选择"Path"选项，然后单击"编辑"按钮，如图 3.9 所示。

系统变量(S)
1
变量
值
Path
C:\Program Files (x86)\Common Files\Oracle\Java\javapath;D:...
PATHEXT
.COM;.EXE;.BAT;.CMD;.VBS;.VBE;.JS;.JSE;.WSF;.WSH;.MSC
PROCESSOR_ARCHITECT...
AMD64
PROCESSOR_IDENTIFIER
Intel64 Family 6 Model 158 Stepping 9, GenuineIntel
PROCESSOR_LEVEL
6
PROCESSOR_REVISION
9e09
PSModulePath
%ProgramFiles%\WindowsPowerShell\Modules;C:\WINDOW...
2
新建(W)...
编辑(I)...
删除(L)
确定
取消

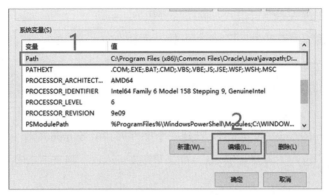

图 3.9 “系统变量”列表框

⑤在弹出的“编辑系统变量”对话框的“变量值”文本框中输入设置的 Python 安装路径，单击“确定”按钮。

（7）测试 Python 是否安装成功。

按“Win + R”快捷键，打开“运行”对话框，输入“cmd”，单击“确定”按钮，打开 CMD 命令行窗口，输入“python”，即可进入 Python 运行环境，如果显示 Python 的版本，则表示 Python 安装成功，如图 3.10 所示。

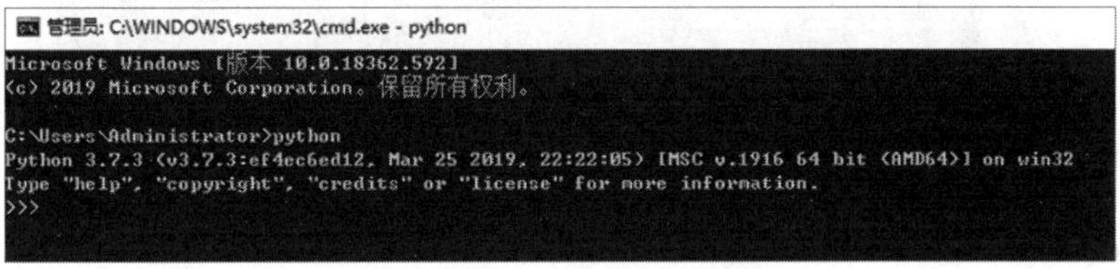

管理员: C:\WINDOWS\system32\cmd.exe - python
Microsoft Windows [版本 10.0.18362.592]
(c) 2019 Microsoft Corporation。保留所有权利。
C:\Users\Administrator>python
Python 3.7.3 (v3.7.3:ef4ec6ed12, Mar 25 2019, 22:22:05) [MSC v.1916 64 bit (AMD64)] on win32
Type "help", "copyright", "credits" or "license" for more information.
>>>

图 3.10 Python 运行环境

3.1.2 在 Linux 系统中安装及运行 Python

在大多数 Linux 计算机中，都默认安装了 Python。进入命令行模式，直接输入命令“python”即可查看 Python 的版本。如果使用的是 Ubuntu，可按“Ctrl + Alt + T”快捷键进入命令行模式；如果使用的是 CentOS 或 Red Hat，可按“Ctrl + Alt + F4”快捷键进入命令行模式。如果输出结果如图 3.11 所示，指出了安装的 Python 版本是 2.7.5，则表示 Python 安装成功。

[root@iZuf6hpt96qy5o2b6gqtl0Z ~]# python
Python 2.7.5 (default, Oct 30 2018, 23:45:53)
[GCC 4.8.5 20150623 (Red Hat 4.8.5-36)] on linux2
Type "help", "copyright", "credits" or "license" for more information.
>>>

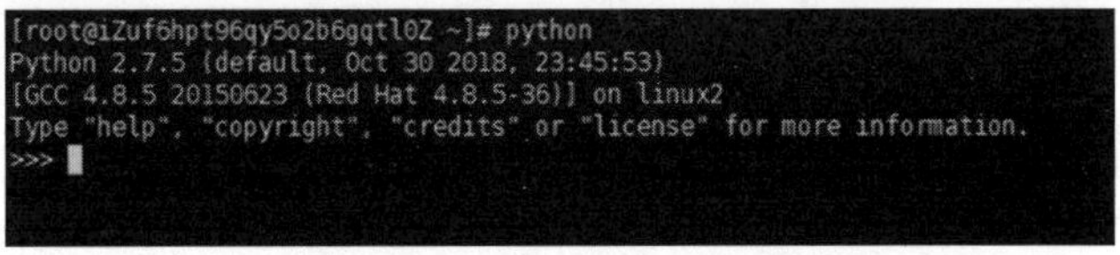

图 3.11 显示 Python 版本

要检查系统是否安装了 Python 3，在命令行模式下输入“python3”，如果没有出现 Python 的版本号，则表示系统没有安装 Python 3。现今大多数时候用的是 Python 3，所以安装 Python 3，可以自行下载安装。首先进入命令行模式，操作步骤如下。

（1）利用 Linux 系统自带下载工具 wget 下载。输入"yum install wget"，安装更新 wget。

（2）输入"wget https://www.python.org/ftp/python/3.7.6/Python-3.7.6.tgz"，下载 Python 3.7.6 安装包。

（3）下载完成后，到下载目录下，输入"tar -vxzf Python-3.7.6.tgz"，解压下载安装包。

（4）输入"mkdir /usr/local/python3"，新建一个文件夹目录 python3，作为 Python 的安装路径。

（5）输入"gcc"，检查是否安装了 gcc，如果显示 bash:gcc，则表示未安装。因此，输入"yum install gcc"进行安装。

（6）进入到解压目录，输入"./configure --prefix=/usr/local/python3"，配置安装路径。

（7）输入"make & make install"，进行编译和安装。

（8）输入"ln -s /usr/local/python3/bin/python3/usr/bin/python3"，建立新版本 Python 的软连接。

（9）最后输入"python3"，如图 3.12 所示，如果显示 Python 3 版本，并且进入 Python 3 编译环境，则表示 Python 3 安装成功。

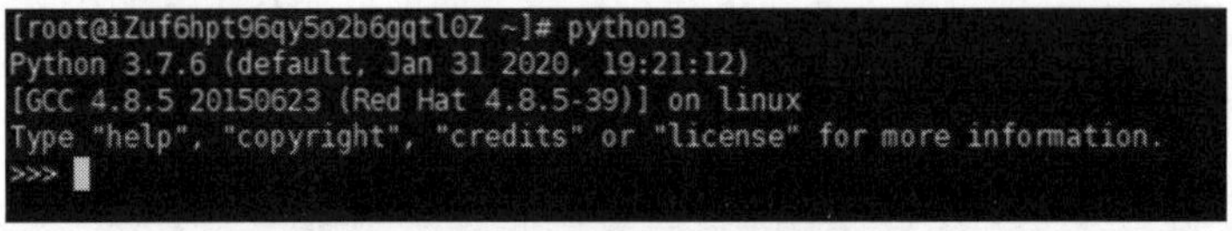

```
[root@iZuf6hpt96qy5o2b6gqtl0Z ~]# python3
Python 3.7.6 (default, Jan 31 2020, 19:21:12)
[GCC 4.8.5 20150623 (Red Hat 4.8.5-39)] on linux
Type "help", "copyright", "credits" or "license" for more information.
>>>
```

图 3.12　Python 3 编译环境

3.2　数据库的安装

爬虫爬取到的数据，需要数据库进行存储。本节将介绍 3 种数据库的安装及配置，它们分别是 MySQL、MongoDB 和 Redis。

3.2.1 MySQL 的安装及配置

MySQL 在 Windows 系统中的安装和配置步骤如下。

（1）打开 MySQL 官网，选择"DOWNLOADS"选项卡，下拉页面，单击"MySQL Community (GPL) Downloads"链接，如图 3.13 所示。

（2）在打开的页面中，单击"MySQL Installer for Windows"链接，在之后的页面中选择"mysql-installer-community-8.0.20.0.msi"安装包，单击"Download"按钮即可下载 MySQL 安装包，如图 3.14 所示。

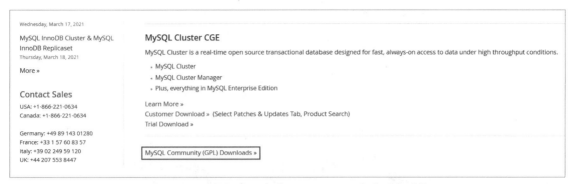

图 3.13　MySQL 官网的"DOWNLOADS"选项卡页面

图 3.14　下载 MySQL 安装包

> **注意**
>
> 　　安装的目录应当放在指定位置，而且绝对路径中避免出现中文，推荐首选英文为命名条件。

（3）按"Win + R"快捷键，打开"运行"对话框，输入"cmd"，单击"确定"按钮，打开
CMD命令行窗口，cd到MySQL的bin目录下，输入命令"mysqld –install"即可安装MySQL的服务，
如图 3.15 所示。

图 3.15　安装 MySQL 的服务

（4）初始化 MySQL，输入"mysqld --initialize –console"。初始化时会产生一个随机密码，请
记住这个密码。

（5）开启 MySQL 的服务，输入"net start mysql"，如图 3.16 所示。

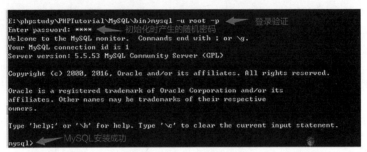

图 3.16 开启 MySQL 的服务

（6）输入"mysql -u root -p"，登录验证 MySQL 是否安装成功。密码为初始化时产生的一个随机密码。如果最后出现"mysql>"，则表示 MySQL 安装成功，如图 3.17 所示。

图 3.17 MySQL 登录验证

（7）由于初始化时给的随机密码太过复杂，因此可以自行设置密码。例如，如果想把密码改成 root，输入"alter user 'root'@'localhost' identified by 'root'"即可。

（8）为了方便操作 MySQL，需要配置系统环境变量。右击"此电脑"，在弹出的快捷菜单中选择"属性"→"高级系统设置"→"环境变量"选项，接下来按照如图 3.18 所示进行操作。

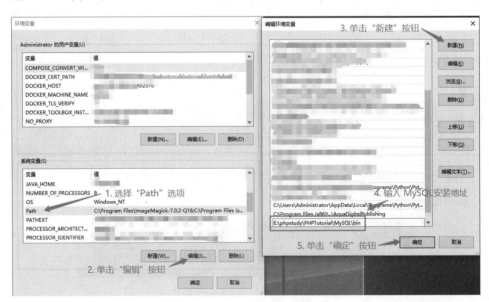

图 3.18 配置 MySQL 的环境变量

（9）配置完成之后，用命令行启动 MySQL 时，只需要按"Win + R"快捷键，打开"运行"对话框，输入"cmd"，单击"确定"按钮，打开 CMD 命令行窗口，输入"mysql -u root -p"即可，如图 3.19 所示。

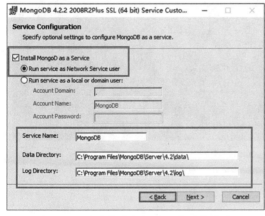

图 3.19　启动 MySQL

3.2.2 MongoDB 的安装及配置

MongoDB 是面向文档的非关系型数据库。MongoDB 中多个文档组成集合，多个集合组成数据库，一个 MongoDB 实例可以承载多个数据库。MongoDB 在 Windows 系统中的安装和配置步骤如下。

（1）到官网下载对应的版本，一般下载的是社区版（Community Server）。

（2）双击下载的安装包进行安装，单击两次"Next"按钮，然后到设置存储数据（Data）和存储日志（Log）的文件夹，可以自行修改存储数据和日志的文件夹。如图 3.20 所示，设置完成后，单击"Next"按钮。

（3）当显示"Finish"按钮时，则表示 MongoDB 安装完成。单击"Finish"按钮，关闭窗口，如图 3.21 所示。

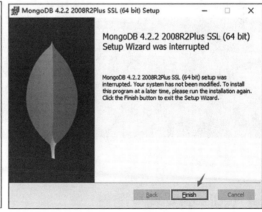

图 3.20　设置存储数据和日志的文件夹　　　　图 3.21　MongoDB 安装完成窗口

（4）配置系统环境变量：右击"此电脑"，在弹出的快捷菜单中选择"属性"→"高级系统设置"→"环境变量"选项，接下来按照如图 3.22 所示进行操作。

（5）配置完成之后，用命令行启动 MongoDB 时，只需要按"Win + R"快捷键，打开"运行"对话框，输入"cmd"，单击"确定"按钮，打开 CMD 命令行窗口，输入"mongo"即可，如图 3.23 所示。

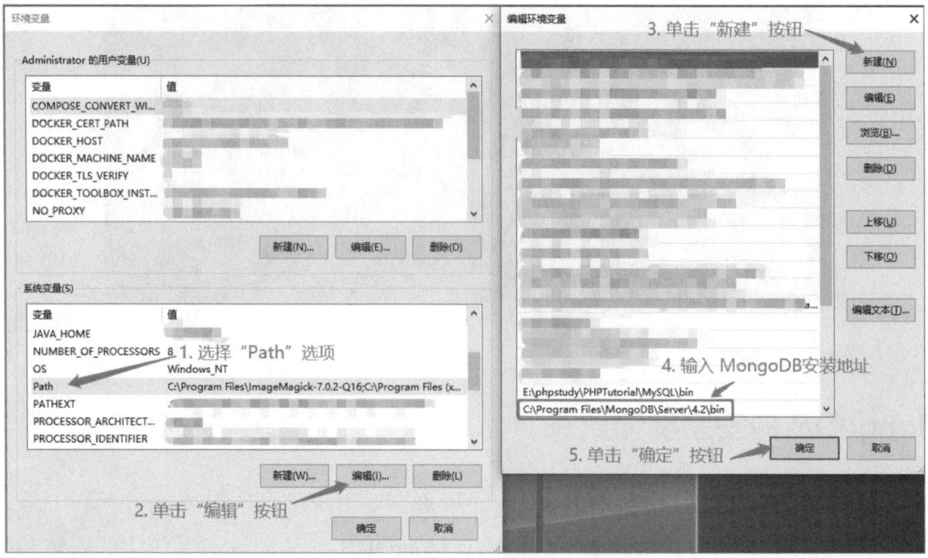

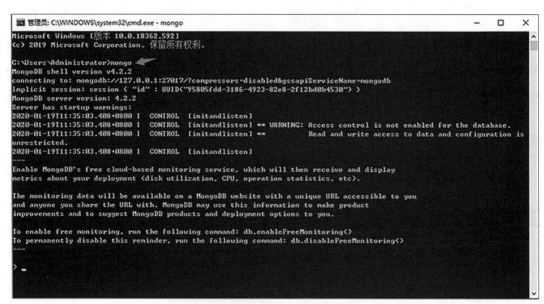

图 3.22　配置 MongoDB 的环境变量

图 3.23　启动 MongoDB

3.2.3 Redis 的安装及配置

Redis 可以用作数据库、缓存和消息中间件。它的类型有字符串（string）、散列（hashes）、列表（lists）、集合（sets）和有序集合（sorted sets）等。Redis 在 Windows 系统中的安装和配置步骤如下。

（1）到 GitHub 官网：https://github.com/microsoftarchive/redis/releases，选择 3.2.100 的版本进行下载，如图 3.24 所示。

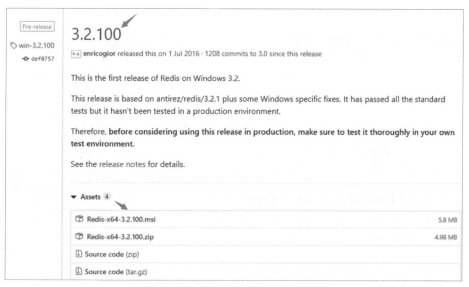

图 3.24　下载 Redis

（2）双击下载的安装包 Redis-x64-3.2.100.msi 进行安装，一直单击"Next"按钮。最后单击
"Install"按钮，安装完成后单击"Finish"按钮。

（3）配置系统环境变量：右击"此电脑"，在弹出的快捷菜单中选择"属性"→"高级系统设
置"→"环境变量"选项，接下来按照如图 3.25 所示进行操作。

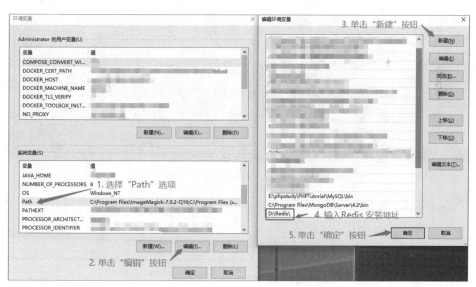

图 3.25　配置 Redis 的环境变量

（4）配置完成之后，用命令行启动 Redis 时，
只需要按"Win + R"快捷键，打开"运行"对话
框，输入"cmd"，单击"确定"按钮，打开 CMD
命令行窗口，输入"redis-cli"即可，如图 3.26 所示。

图 3.26　启动 Redis

3.3 安装 Scrapy

众所周知，Scrapy 是一个非常好的 Python 爬虫框架，功能强大，包含了各种中间件接口，可以灵活地完成各种需求。有了它就可以快速编写出一个爬虫项目，可以用代理 IP 池进行多线程爬取，可以搭建分布式架构。Scrapy 使用了 Twisted 异步网络框架来处理网络通信，可以加快下载速度。在 Windows 系统下安装 Scrapy 是比较常见的，本节将介绍 Scrapy 的安装及配置，并在最后通过建立一个简单的项目应用来让大家了解 Scrapy。

3.3.1 各类库的安装

因为 Scrapy 框架基于 Twisted，所以要下载其 whl 包安装，而安装 whl 格式包需要安装 wheel 库。按"Win + R"快捷键，打开"运行"对话框，输入"cmd"，单击"确定"按钮，打开 CMD 命令行窗口，输入命令"pip install wheel"即可安装 wheel 库。安装完成后，输入"wheel"，验证是否安装成功，如图 3.27 所示。

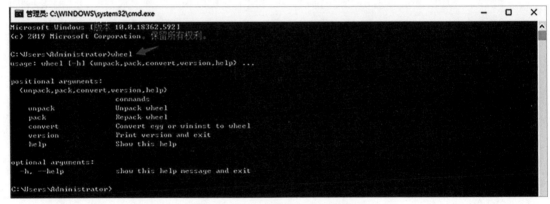

图 3.27　验证 wheel 是否安装成功

在浏览器中输入 whl 包地址：http://www.lfd.uci.edu/~gohlke/pythonlibs，按"Ctrl + F"快捷键，查找 twisted，并单击它，如图 3.28 所示。

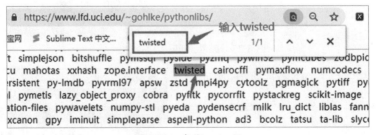

图 3.28　查找 twisted

选择合适的版本（例如，选择"Twisted-19.10.0-cp38-cp38-win_amd64.whl"版本），如图 3.29 所示，并下载到指定的文件夹。

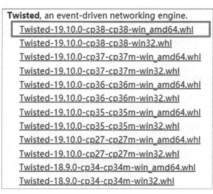

图 3.29　下载合适的 Twisted 版本

在 CMD 命令行窗口中，cd 到下载 whl 的文件夹（进入 whl 包所在的路径），输入以下命令。

```
pip install Twisted-19.10.0-cp38-cp38-win_amd64.whl
```

Scrapy 的依赖包 lxml、pywin32 也用同样的方法安装。

3.3.2 Scrapy 的安装

按"Win + R"快捷键，打开"运行"对话框，输入"cmd"，单击"确定"按钮，打开 CMD 命令行窗口，输入命令"pip install Scrapy"即可安装 Scrapy。如果直接使用命令安装不成功，则可以下载 whl 格式包进行安装。安装方法与上面的依赖包相同。

安装完成后，需要测试是否安装成功。在 CMD 命令行窗口中，输入"scrapy"并按"Enter"键，如果显示如图 3.30 所示的信息，则表示 Scrapy 安装成功。

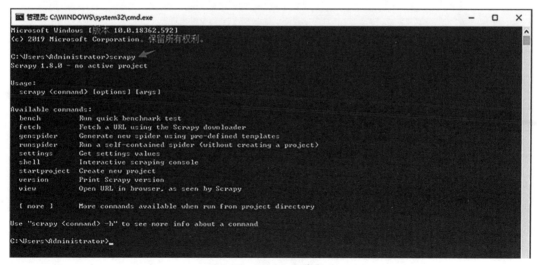

图 3.30　Scrapy 安装成功

3.3.3 Scrapy 的示例

编译器 PyCharm 是一种 Python IDE，是可以让用户在使用 Python 语言开发时提高效率的工具软件。所以，开发 Scrapy 项目时，编译器 PyCharm 是一个很好的选择。下面先介绍 PyCharm 的安装和配置步骤。

（1）打开 JetBrains 官网，选择"Developer Tools"选项卡中的"PyCharm"选项，进入 PyCharm 下载界面，单击"DOWNLOAD"按钮，进入 PyCharm 环境选择和版本选择界面。

（2）选择 Windows 下的"Community"（社区版）进行下载，如图 3.31 所示。

图 3.31　下载 PyCharm

（3）下载完成后，双击下载的安装包进行安装，一直单击"Next"按钮，直至安装完成。

（4）在桌面双击 PyCharm，软件打开后，单击"Create New Project"按钮，在"Location"文本框中输入存放工程的路径，如图 3.32 所示，可以看到 PyCharm 已经自动获取了 Python 3.5，最后单击"Create"按钮。

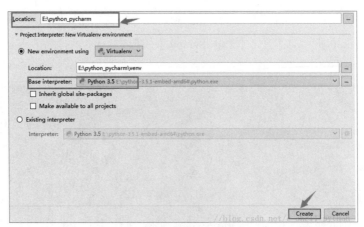

图 3.32　PyCharm 创建新项目

（5）建立编译环境：打开 PyCharm，执行"File"→"Settings"命令，在设置弹窗中选择"Project: python_pycharm"选项，添加解释器 Project Interpreter，选择"Python 3.5"选项。然后单击"Apply"按钮，等待系统配置完成。

接下来以爬取知名技术文章网站为例来了解一下 Scrapy。

按"Win + R"快捷键，打开"运行"对话框，输入"cmd"，单击"确定"按钮，打开 CMD 命令行窗口（终端），cd 到 Python_pycharm 文件夹，输入以下命令（建立新项目：searchArticle），如图 3.33 所示。

```
scrapy startproject searchArticle
```

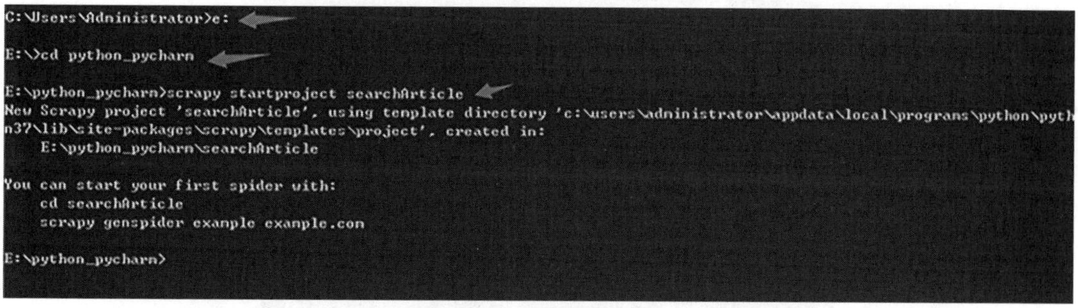

图 3.33　建立新项目

假如要爬取的是博客园新闻第一页的新闻标题，首先在终端输入命令"cd searchArticle"，定位到 searchArticle 文件夹下。然后设置爬虫名称及要爬取的网站地址：scrapy genspider blogs news.cnblogs.com，其中 blogs 是自定义的爬虫名称，news.cnblogs.com 是需要爬取的网站地址。打开 PyCharm，执行"File"→"Open"命令，输入新建项目的地址：E:\python_pycharm。项目打开后，输入爬取博客园新闻第一页的新闻标题代码，如图 3.34 所示。

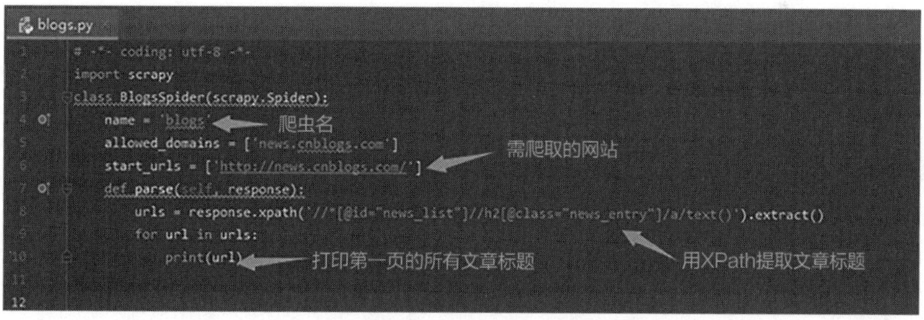

图 3.34　爬虫项目的建立

之后在 searchArticle 文件夹中新建一个 main.py，用于启动爬虫项目，代码如图 3.35 所示。

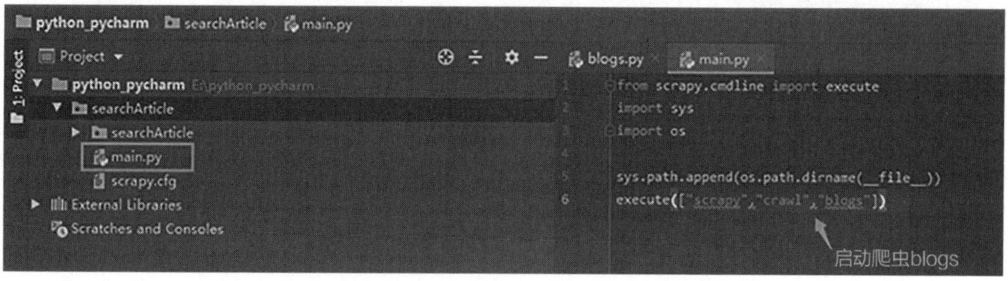

图 3.35　启动爬虫 blogs

最后在 main.py 中右击，在弹出的快捷菜单中选择"Run 'main'"选项，结果如图 3.36 所示。

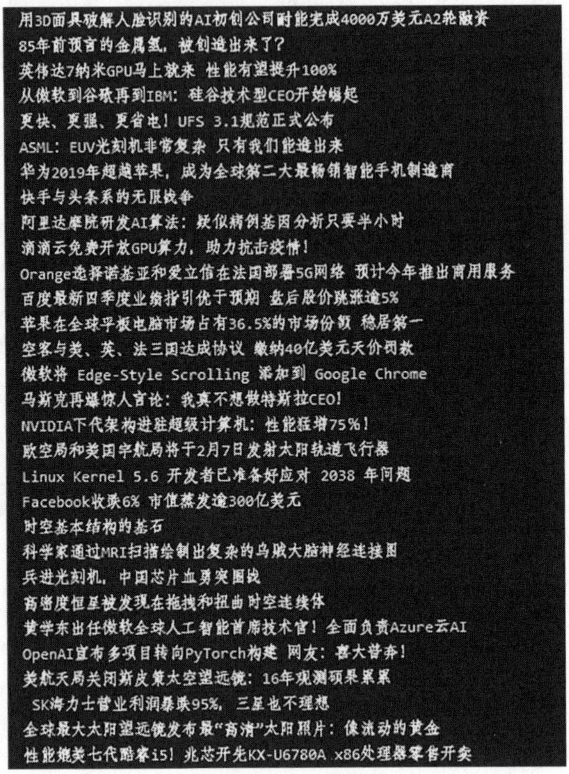

用3D面具破解人脸识别的AI初创公司耐能完成4000万美元A2轮融资
85年前预言的金属氢，被创造出来了？
英伟达7纳米GPU马上就来 性能有望提升100%
从微软到谷歌再到IBM：硅谷技术型CEO开始崛起
更快、更强、更省电！UFS 3.1规范正式公布
ASML：EUV光刻机非常复杂 只有我们能造出来
华为2019年超越苹果，成为全球第二大最畅销智能手机制造商
快手与头条系的无限战争
阿里达摩院研发AI算法：疑似病例基因分析只要半小时
滴滴云免费开放GPU算力，助力抗击疫情！
Orange选择诺基亚和爱立信在法国部署5G网络 预计今年推出商用服务
百度最新四季度业绩指引优于预期 盘后股价跳涨逾5%
苹果在全球平板电脑市场占有36.5%的市场份额 稳居第一
空客与美、英、法三国达成协议 缴纳40亿美元天价罚款
微软将 Edge-Style Scrolling 添加到 Google Chrome
马斯克再爆惊人言论：我真不想做特斯拉CEO！
NVIDIA下代架构进驻超级计算机：性能猛增75%！
欧空局和美国宇航局将于2月7日发射太阳轨道飞行器
Linux Kernel 5.6 开发者已准备好应对 2038 年问题
Facebook收录6% 市值蒸发逾300亿美元
时空基本结构的基石
科学家通过MRI扫描绘制出复杂的乌贼大脑神经连接图
兵进光刻机，中国芯片血勇突围战
高密度恒星被发现在拖拽和扭曲时空连续体
黄学东出任微软全球人工智能首席技术官！全面负责Azure云AI
OpenAI宣布多项目转向PyTorch构建 网友：喜大普奔！
美航天局关闭斯皮策太空望远镜：16年观测硕果累累
SK海力士营业利润暴跌95%，三星也不理想
全球最大太阳望远镜发布最"高清"太阳照片：像流动的黄金
性能媲美七代酷睿i5！兆芯开先KX-U6780A x86处理器暮省开卖

图 3.36　爬取结果

3.4　本章小结

　　本章首先介绍了 Python 的安装、配置和启动运行；然后介绍了三大常用数据库——MySQL、MongoDB 和 Redis 的安装、调试和启动运行；之后介绍了 Scrapy 依赖库 Twisted、lxml、pywin32 的安装及 Scrapy 开发环境的搭建；最后通过一个简单的爬虫项目：爬取某网站第一页的新闻标题，来说明如何运用 Scrapy 框架。

第 4 章

Scrapy 架构及编程

本章将介绍 Scrapy 架构及目录源码分析、Scrapy 项目的创建和管理等，以及关于 Scrapy 必须了解的 4 个知识点，具体如下。

（1）PyCharm：学会使用 PyCharm 调试 Scrapy。

（2）Scrapy 的组件：学会查询、获取数组中的单一数据，让数据为我所用。

（3）Scrapy 的数据流：学会逐个浏览数组中的单一数据。

（4）Scrapy 如何自定义中间件及其他方法的使用。

4.1 Scrapy 架构及目录源码分析

本节将描述 Scrapy 的架构组成及其成分之间的相互作用，并且对 Scrapy 的目录及源码进行较为详尽的分析。

4.1.1 Scrapy 的架构概述

如图 4.1 所示，显示了 Scrapy 架构及其组件，以及发生在系统内部的数据流的概要（由箭头显示）。

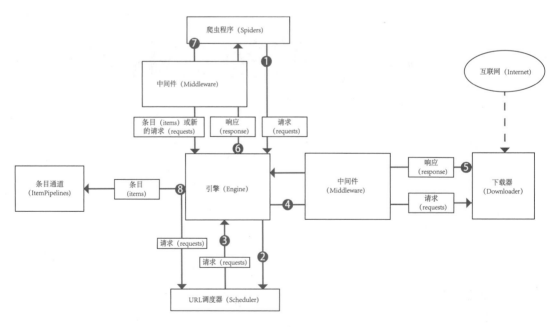

图 4.1　Scrapy 架构

1. 引擎（Engine）控制 Scrapy 中的数据流说明

（1）爬虫程序（Spiders）的 yield 将初始请求（requests）发送给引擎（Engine）。

（2）引擎（Engine）对请求（requests）不做任何处理发送给 URL 调度器（Scheduler）。

（3）URL 调度器（Scheduler）生成请求（requests）交给引擎（Engine）。

（4）引擎（Engine）拿到请求（requests），通过中间件（Middleware）进行层层过滤发送给下载器（Downloader）。

（5）下载器（Downloader）在互联网上获取到响应（response）的数据之后，又经过中间件（Middleware）进行层层过滤发送给引擎（Engine）。

（6）引擎（Engine）获取到响应（response）的数据之后，返回给爬虫程序（Spiders），爬虫程序（Spiders）的 parse() 方法对获取到的响应（response）的数据进行处理，解析出条目（items）或新的请求（requests）。

（7）将解析出来的条目（items）或新的请求（requests）发送给引擎（Engine）。

（8）引擎（Engine）获取到条目（items）或新的请求（requests），将条目（items）发送给条目管道（ItemPipelines），将新的请求（requests）发送给 URL 调度器（Scheduler）。

（9）该过程重复［从步骤（1）开始］，直到没有来自调度程序的更多请求。

2. Scrapy 组件说明

（1）Scrapy 引擎（Scrapy Engine）：负责爬虫、条目管道、下载器、调度器之间的通信，信号、数据传递等。

（2）爬虫（Spiders）：负责处理所有 response，从中分析提取数据，获取 items 字段需要的数据，并将需要跟进的 URL 提交给引擎，再次进入调度器（Scheduler）。

（3）调度器（Scheduler）：负责接收引擎发送过来的 requests，并按照一定的方式进行整理排列，放入队列中，当引擎需要时，交还给引擎。

（4）条目管道（ItemPipelines）：负责处理爬虫获取到的 items，并进行后期处理（详细分析、过滤、存储等）的地方。

（5）下载中间件（Downloader Middleware）：介于 Scrapy 引擎和下载器之间的中间件，主要是处理 Scrapy 引擎与下载器之间的请求及响应。

（6）下载器（Downloader）：负责下载引擎发送的所有 requests，并将其获取到的 response 交还给引擎，由引擎交给爬虫来处理。

（7）Spider 中间件（Spider Middleware）：介于 Scrapy 引擎和爬虫之间的中间件，主要工作是处理爬虫的响应输入和请求输出。

（8）调度中间件（Scheduler Middleware）：介于 Scrapy 引擎和调度之间的中间件，从 Scrapy 引擎发送到调度的请求和响应。

4.1.2 Scrapy 的目录及源码分析

1. Scrapy 初始目录说明

Scrapy 在抓取网页数据方面是非常强大的。不仅仅是因为其天生异步，而且它里面的逻辑性也非常紧密。当用户读其源码时，会对它有更深的认识，运用起来更能得心应手。俗话说得好：知己知彼，方能百战百胜。当一个 Scrapy 项目被成功创建时，会自动生成一些文件。例如，创建一个 TestDemo 项目，在其项目下会出现对应的文件目录，如图 4.2 所示。

名称	修改日期	类型	大小
TestDemo	2019-10-13 23:57	文件夹	
scrapy.cfg	2019-10-13 23:57	CFG 文件	1 KB

图 4.2　Scrapy 初始目录

scrapy.cfg：爬虫项目的配置文件。双击"TestDemo"文件夹，展开其下的文件，如图 4.3 所示。

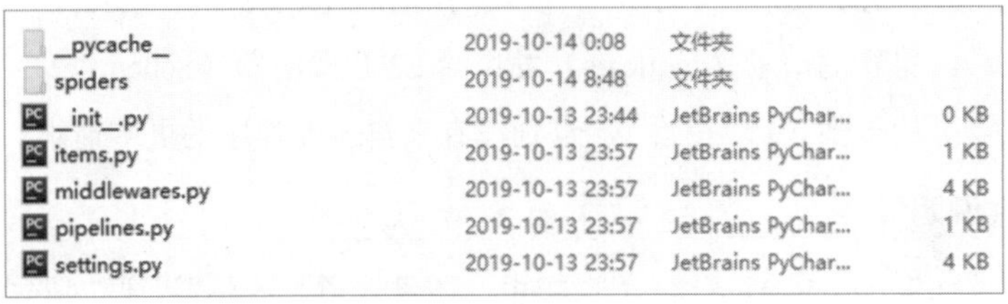

__pycache_	2019-10-14 0:08	文件夹	
spiders	2019-10-14 8:48	文件夹	
__init_.py	2019-10-13 23:44	JetBrains PyChar...	0 KB
items.py	2019-10-13 23:57	JetBrains PyChar...	1 KB
middlewares.py	2019-10-13 23:57	JetBrains PyChar...	4 KB
pipelines.py	2019-10-13 23:57	JetBrains PyChar...	1 KB
settings.py	2019-10-13 23:57	JetBrains PyChar...	4 KB

图 4.3　Scrapy 的 TestDemo 目录

Scrapy 的 TestDemo 目录中各个文件的作用，如表 4.1 所示。

表 4.1　Scrapy 的 TestDemo 目录说明

文件名	作用
__init__.py	爬虫项目的初始化文件，用来对项目做初始化工作
items.py	爬虫项目的数据容器文件，用来定义要获取的数据，类似于字典的功能。可以通过创建一个 scrapy.Item 类，并且定义类型为 scrapy.Field 的类属性来定义一个 item
middlewares.py	爬虫项目的中间件文件，定义下载中间件和 Spider 中间件
pipelines.py	爬虫项目的管道文件，用来对 items 中的数据进行进一步的加工处理（清洗、存储、验证等）。当 item 在 Spider 中被收集之后，它将会被传递到 ItemPipeline，一些组件会按照一定的顺序执行对 item 的处理
settings.py	爬虫项目的设置文件，包含了爬虫项目的设置信息
spiders 文件夹	管理多个爬虫的目录，爬虫的具体逻辑就在这个文件夹中

如表 4.1 所示，需要补充说明如下两点。

（1）下载中间件是介于 Scrapy 的 request/response 处理的钩子框架，是用于全局修改 Scrapy request 和 response 的一个轻量、底层的系统。要使用下载中间件，就需要激活，要激活下载中间件组件，将其加入 DOWNLOADER_MIDDLEWARES 设置中，需在 settings.py 中配置。当然，也可以自己编写中间件，只要在 settings.py 中把其中的注释（#）去掉即可。

```
# SPIDER_MIDDLEWARES = {
#     'myscrapy.middlewares.MyscrapySpiderMiddleware': 543,
# }
# DOWNLOADER_MIDDLEWARES = {
#     'myscrapy.middlewares.MyscrapyDownloaderMiddleware': 543,
# }
```

（2）同样地，要使用 Pipeline，也需要在 settings.py 中启用，把其中的注释（#）去掉即可。

```
# ITEM_PIPELINES = {
#     'myscrapy.pipelines.MyscrapyPipeline': 300,
# },
```

2. Scrapy 的 settings.py 配置分析及示例

Scrapy 的 settings.py 配置分析如表 4.2 所示。

表 4.2　Scrapy 的 settings.py 配置分析

配置	作用	默认值
ROBOTSTXT_OBEY = True	Robots.txt 规定了一个网站中，哪些地址可以请求，哪些地址不可以请求	默认是 True，表示遵守这个协议
CONCURRENT_REQUESTS = 10	设置 Scrapy 执行的最大并发请求数	默认会同时并发 16 个请求
DOWNLOAD_DELAY = 3	下载延时，请求和请求之间的时间间隔，降低爬取速度	默认为 0
CONCURRENT_REQUESTS_PER_DOMAIN = 16	针对网站（主域名）设置的最大请求并发数	—
CONCURRENT_REQUESTS_PER_IP = 16	设置某一个 IP 的最大请求并发数	—
COOKIES_ENABLED = True	是否启用 Cookie 的配置	默认是可以使用 Cookie 的
AUTOTHROTTLE_ENABLED = True	开启了自动限速	—
AUTOTHROTTLE_START_DELAY = 5	设置初始下载延时为 5 秒	—
AUTOTHROTTLE_MAX_DELAY = 60	设置在高延迟情况下的下载延时为 60 秒	—

续表

配置	作用	默认值
AUTOTHROTTLE_TARGET_CONCURRENCY = 1.0	设置两个请求之间的下载间隔为1秒	—
HTTPCACHE_ENABLED = False	HTTP缓存的配置	默认是不启用
SPIDER_MIDDLEWARES = { 'TestDemo.middlewares.TestdemoSpiderMiddleware': 543,}	配置自定义爬虫中间件	—

DEFAULT_REQUEST_HEADERS = {
'Accept': 'text/html,application/xhtml+xml,application/
xml;q=0.9,*/*;q=0.8',
'Accept-Language': 'en',
}
	配置默认的请求头	—

DOWNLOADER_MIDDLEWARES = {
'TestDemo.middlewares.TestdemoDownloaderMiddleware':
543,
}
	配置下载中间件	—

ITEM_PIPELINES = {
'TestDemo.pipelines.TestdemoPipeline': 300,
}
	配置自定义的条目管道	—

EXTENSIONS = {
'scrapy.extensions.telnet.TelnetConsole': None,
}
	配置扩展的启用	—

可以根据表4.2列出的配置项，并结合实际情况，配置出自己所需的爬虫配置。在此举例说明，就会更直观。例如，笔者设计的爬虫希望实现以下内容。

（1）遵循爬虫协议。

（2）支持Cookie。

（3）一次最大发送18个请求。

（4）开启限速功能，爬取速度为5秒爬一次。

（5）启用缓存，将已经发送的请求或相应的数据保存到缓存中，以便以后使用。

对应上面的需求，笔者在settings.py中配置如下。

① ROBOTSTXT_OBEY = True。

② COOKIES_ENABLED = True。

③ CONCURRENT_REQUESTS = 18。

④ AUTOTHROTTLE_ENABLED = True。

⑤ AUTOTHROTTLE_START_DELAY = 5。

⑥ HTTPCACHE_ENABLED = True。

Scrapy 项目的创建和管理

本节将介绍如何创建并管理一个 Scrapy 项目。

4.2.1 Scrapy 项目的创建

在 Windows 系统中，首先在需要放代码的文件夹下，建立一个新的项目。在当前目录下按 "Shift" 键并右击，会出现 "在此处打开命令窗口" 的字样，单击即可，然后输入以下命令。

```
scrapy startproject myscrapy
```

其中，myscrapy 是项目名称。

在 Linux 系统中，进入到当前目录下，直接输入上述代码。至此，Scrapy 项目就创建完成了，但是这里还需要一个主要放爬虫代码的 .py 文件。所以，进入这个项目目录：

```
cd myscrapy
scrapy genspider first "qingyingtech.com"
```

建立成功后会显示：

```
Created spider 'first' using template 'basic' in module:
myscrapy.spiders.first
```

其中，first 是爬虫名称，qingyingtech.com 是自定义的爬取网站的域名。这样，完整的 Scrapy 项目就创建完成了，完整的 Scrapy 项目结构如图 4.4 所示。

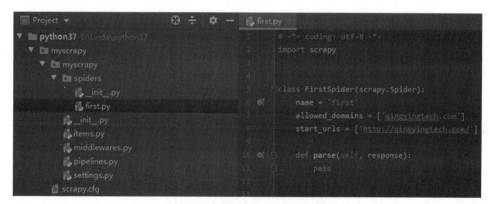

图 4.4　完整的 Scrapy 项目结构

接下来分析一下 first.py 文件，以后要写的爬虫主体代码就在这个文件中编写。从图 4.4 中可以看到，生成的文件中有一个 FirstSpider 类，它继承 scrapy.Spider。Scrapy 的 first.py 分析如表 4.3 所示。

表 4.3　Scrapy 的 first.py 分析

名称	作用
name	爬虫名称，之后运行爬虫时，都会用到这个 name
allowed_domains	包含 Spider 允许爬取的域名的列表
start_urls	初始的 URL 列表
parse	当请求 URL 返回的网页没有指定回调函数时，默认的 request 对象回调函数，用来处理网页返回的 response，以及生成 item 或 request 对象

4.2.2 Scrapy 项目的管理

创建好项目后，进入自己创建的 Scrapy 项目中，对该爬虫项目进行管理。Scrapy 工具命令分为两种：全局命令和项目命令（只能在项目中使用）。

1. 全局命令

（1）fetch：该命令会通过 Scrapy Downloader 将网页的源代码全部下载下来并显示出来，其中的一些参数如下。

① nolog：不打印日志。

② headers：打印响应头信息。

③ no-redirect：不做跳转。

例如：

```
scrapy fetch http://www.qingyingtech.commyscrapy.spiders.first
                                    # fetch 输出日志及该网页的源代码
scrapy fetch --nolog http://www.qingyingtech.com
                                    # fetch --nolog 只输出该网页的源代码
scrapy fetch --nolog --headers http://www.qingyingtech.com
                                    # fetch --nolog --headers 输出响应头
scrapy fetch --nolog --no--redirect http://www.qingyingtech.com
                                    # --nolog --no--redirect 禁止重定向
```

（2）genspider：该命令用于生成爬虫，这里 Scrapy 提供了几种不同的模板生成 Spider，默认用的是 basic，可以通过以下命令查看所有的模板。

```
scrapy genspider -l
```

显示如下。

```
Available templates: # 可用的模板
  basic
  crawl
  csvfeed
  xmlfeed
```

也就是说，可以用上面的模板输出爬虫文件，但是要结合参数 -t 一起使用。例如：

```
scrapy genspider -t crawl newsdouban movie.douban.com
```

执行上面的代码以后，会发现 Scrapy 又创建了一个名为 newsdouban 的 Spider，但 Spider 的类型是 crawl 的，如图 4.5 所示。

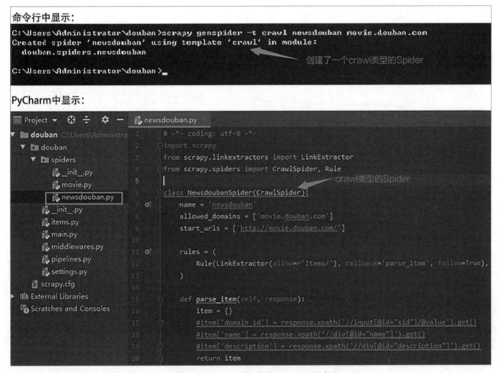

图 4.5　crawl 类型的 Spider 结构

为什么要使用 crawl 类型的 Spider 呢？从图 4.5 中可以看出，生成了 CrawlSpider 类，它为了从 response 中提取更符合规则的链接，定义了一些规则（Rule）。其中，LinkExtractor(allow=r'Items/')，表示满足括号中"正则表达式"的值会被提取，如果为空，则会全部匹配；callback='parse_item'，指定回调函数是 parse_item（解析数据的规则）；follow=True，表示将 LinkExtractor 继续作用到 LinkExtractor 提取出的链接网页中。

（3）settings：顾名思义，就是方便查看 Scrapy 设置了哪些参数。例如，想查看到 HTTP 的请求头信息，则可以使用以下命令。

```
scrapy settings --get USER_AGENT
```

（4）Shell：主要的作用是调试。它经常用来查看获取指定元素的选择器是否正确。例如，要查看豆瓣网电影页面 Top250 的电影中第一个电影的名称（图 4.6），选择器的获取是否正确。

豆瓣电影 Top 250
我没看过的
1
肖申克的救赎 / The Shawshank Redemption / 月黑高飞(港) / 刺激1995(台) [可播放]
导演: 弗兰克·德拉邦特 Frank Darabont 主演: 蒂姆·罗宾斯 Tim Robbins /...
1994 / 美国 / 犯罪 剧情
9.7 1796222人评价
希望让人自由。
2
霸王别姬 / 再见，我的妾 / Farewell My Concubine [可播放]
导演: 陈凯歌 Kaige Chen 主演: 张国荣 Leslie Cheung / 张丰毅 Fengyi Zha...
1993 / 中国大陆 中国香港 / 剧情 爱情 同性
9.6 1323949人评价
风华绝代。

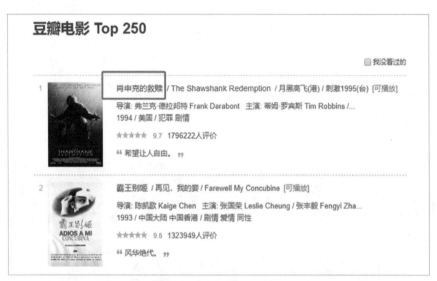

图 4.6　第一个电影的名称

接下来，在 CMD 命令行窗口中输入以下命令。

```
scrapy shell https://movie.douban.com/top250 # 用 Shell 打开网页
```

如果显示如图 4.7 所示的信息，则表示获取网页成功。

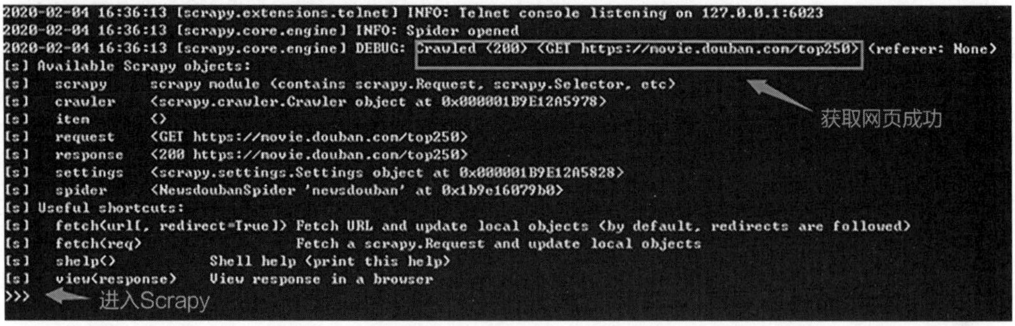

2020-02-04 16:36:13 [scrapy.extensions.telnet] INFO: Telnet console listening on 127.0.0.1:6023
2020-02-04 16:36:13 [scrapy.core.engine] INFO: Spider opened
2020-02-04 16:36:13 [scrapy.core.engine] DEBUG: Crawled (200) <GET https://movie.douban.com/top250> (referer: None)
[s] Available Scrapy objects:
[s] scrapy scrapy module (contains scrapy.Request, scrapy.Selector, etc)
[s] crawler <scrapy.crawler.Crawler object at 0x000001B9E12A5978>
[s] item {}
[s] request <GET https://movie.douban.com/top250>
[s] response <200 https://movie.douban.com/top250>
[s] settings <scrapy.settings.Settings object at 0x000001B9E12A5828>
[s] spider <NewsdoubanSpider 'newsdouban' at 0x1b9e16079b0>
[s] Useful shortcuts:
[s] fetch(url[, redirect=True]) Fetch URL and update local objects (by default, redirects are followed)
[s] fetch(req) Fetch a scrapy.Request and update local objects
[s] shelp() Shell help (print this help)
[s] view(response) View response in a browser
>>>
获取网页成功
进入Scrapy

图 4.7　获取网页成功

然后可以直接输入以下命令。

```
response.xpath(".//div[@class='hd']//span[1][@class='title']/text()").
  extract_first("")      # 获取第一个电影的名称
```

结果如图 4.8 所示。

```
>>> response.xpath(".//div[@class='hd']//span[1][@class='title']/text()").extract_first("")
'肖申克的救赎'
>>>                          ← 第一个电影的名称
```

图 4.8　获取第一个电影的名称

（5）view：与 fetch 类似，都是查看 Spider 看到的是否与在网页中看到的一致，它会弹出网页以便查看输入的网页链接是否正确，用来排错。语法为 scrapy view ＋ 网页链接。

2. 项目命令

（1）crawl：开始运行某个爬虫。语法为 scrapy crawl ＋ 爬虫名称。

（2）check：检查项目是否有错误。语法为 scrapy check，显示 ok，则表示项目无错误。

（3）list：显示该项目下所有的爬虫。语法为 scrapy list。需要注意的是，先定位到该项目下，再输入命令。

（4）edit：定义 Spider 所使用的编辑器。语法为 scrapy edit。需要注意的是，本书的 Spider 在 PyCharm 中编辑，所以这个命令就暂时不需要了。

（5）parse：输出 Spider 编译后的格式化内容。语法为 scrapy parse［options］<url>。例如：

```
scrapy parse --spider=testdouban  https://movie.douban.com/top250
                           # 获取名为 testdouban 的爬虫编译后的内容
```

结果如图 4.9 所示。

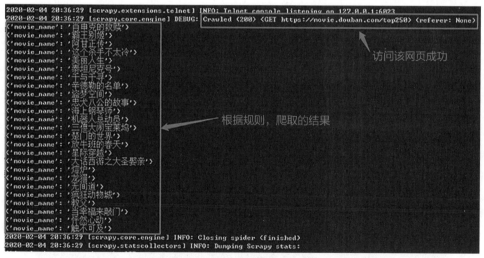

图 4.9　根据规则，爬取成功

（6）bench：测试计算机当前爬取速度性能。语法为 scarpy bench，如图 4.10 所示。

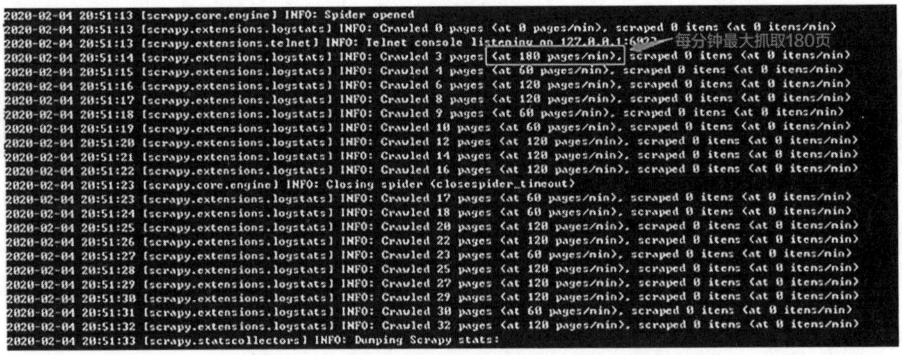

图 4.10　测试爬取速度

4.3 PyCharm 如何调试 Scrapy

本节将介绍如何使用 PyCharm 调试 Scrapy。

使用 scrapy.cmdline 的 execute 方法，在项目文件 scrapy.cfg 的同级建立 main.py 文件（这是基础的固定格式），在其中输入以下代码。

```
from scrapy.cmdline import execute
import sys
import os
sys.path.append(os.path.dirname(__file__))  # 定位到该项目下
execute(["scrapy", "crawl", "spider_name"])   # 把 spider_name 替换为自己的爬虫名称
```

下面举个完整的示例：爬取豆瓣电影 Top250 第一页的前 3 名数据，包括电影序号、电影名称、电影的介绍、电影星级、电影的评论数、电影的描述，来演示如何在 PyCharm 中调试 Scrapy，最终结果如图 4.11 所示。

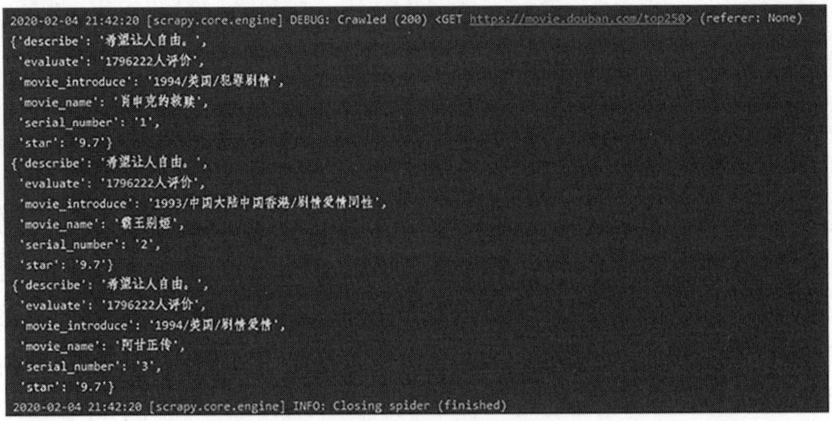

图 4.11　网站爬取结果

（1）按"Win + R"快捷键，打开"运行"对话框，输入"cmd"，单击"确定"按钮，打开 CMD 命令行窗口，输入以下命令。

```
scrapy startproject douban    # 建立项目名称：douban
```

（2）定位到该项目。

```
cd douban
```

（3）建立新的爬虫：movie。

```
scrapy genspider movie movie.douban.com/top250
```

（4）打开 PyCharm，执行"File"→"Open"命令，选择该项目所在的位置，单击"Ok"按钮，结果如图 4.12 所示。

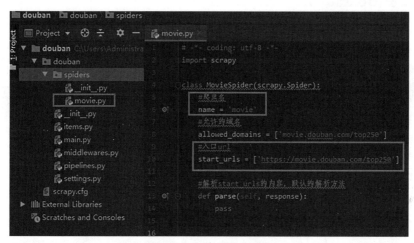

图 4.12　新建的爬虫项目

（5）在 PyCharm 中选择 items.py，在 items.py 中定义好数据结构，代码如下。

```
import scrapy
class DoubanItem(scrapy.Item):
    # 电影序号
    serial_number = scrapy.Field()
    # 电影名称
    movie_name = scrapy.Field()
    # 电影的介绍
    movie_introduce = scrapy.Field()
    # 电影星级
    star = scrapy.Field()
    # 电影的评论数
    evaluate = scrapy.Field()
    # 电影的描述
    describe = scrapy.Field()
```

（6）在 settings.py 中设置 USER_AGENT，它的值可以在目标网页（https://movie.douban.com/top250）中获取。在浏览器中打开目标网页，按"F12"键，选择"Network"选项卡，按"F5"键刷新一下网页。选择 Name 是 top250 的，在其 Headers 中可以查看到当前浏览器的 User-Agent，如图 4.13 所示。

图 4.13　当前浏览器的 User-Agent

将浏览器中 User-Agent 的值复制到 settings.py 的 USER_AGENT 中，代码如下。

```
USER_AGENT = 'Mozilla/5.0 (Windows NT 10.0; Win64; x64) AppleWebKit/537.36
            (KHTML, like Gecko) Chrome/73.0.3683.103 Safari/537.36'
```

（7）为了能够在 PyCharm 中实现调试和运行，在 douban 根目录下新建 main.py。在 main.py 中引入 scrapy.cmdline 的 execute 方法，代码如下。

```
from scrapy.cmdline import execute
import sys
import os
sys.path.append(os.path.dirname(__file__)) # 定位到该项目 douban 下
execute(["scrapy", "crawl", "movie"])  # movie 为自己的爬虫名称
```

（8）在 movie.py 中写爬虫数据的规则，代码如下。

```
# -*- coding: utf-8 -*-
import scrapy
# 引入 items
from douban.items import DoubanItem
class MovieSpider(scrapy.Spider):
    # 爬虫名称
    name = 'movie'
    # 允许的域名
    allowed_domains = ['movie.douban.com/top250']
    # 入口 URL
    start_urls = ['https://movie.douban.com/top250']
    # 解析 start_urls 的内容，默认的解析方法
    def parse(self, response):
        movie_list = response.xpath("//div[@class='article']//ol[@class=
            'grid_view']/li")[0:3]
        # 循环电影的条目前 3 条
        for i_item in movie_list:
            # item 文件导进来
            douban_item = DoubanItem()
            # 在当前 XPath 进一步细分，需要加一个点并解析到它的第一个数据 extract_first("")
            # 获取电影序号
            douban_item['serial_number'] = i_item.xpath(".//div[@class=
                'item']//em/text()").extract_first("")
            # 获取电影名称
            douban_item['movie_name'] = i_item.xpath(".//div[@class=
                'hd']//span[1][@class='title']/text()").extract_first("")
            # 获取电影的介绍
            count = i_item.xpath(".//div[@class='bd']/p[1]/text()").extract()
            for i_count in count:
                count_s = "".join(i_count.split())   # 去掉字符串的空格
                douban_item['movie_introduce'] = count_s
            # 获取电影星级
            douban_item['star'] = i_item.xpath(".//div[@class='star']/
                span[2]/text()").extract_first("")
```

```
# 获取电影的评论数
douban_item['evaluate'] = i_item.xpath(".//div[@class='star']//
  span[4]/text()").extract_first("")
# 获取电影的描述
douban_item['describe'] = i_item.xpath(".//div[@class='bd']//
  span[@class='inq']/text()").extract_first("")
print(douban_item)  # 打印 douban_item 数据
# 将数据 yield 到 pipelines 中去（在那里进行数据的清洗和存储）
yield douban_item
```

（9）调试查询是否取到前 3 个电影的信息，在 movie.py 中设置断点，如图 4.14 所示。

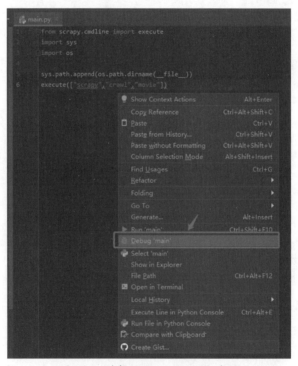

图 4.14　设置断点

在 main.py 中右击，在弹出的快捷菜单中选择"Debug 'main'"选项，如图 4.15 所示，就可以
Debug 运行。

图 4.15　选择"Debug 'main'"选项

在 movie.py 中，把鼠标移到 movie_list，可以看出是否获取到信息。如果获取到，则表示设置的规则没错，如图 4.16 所示。

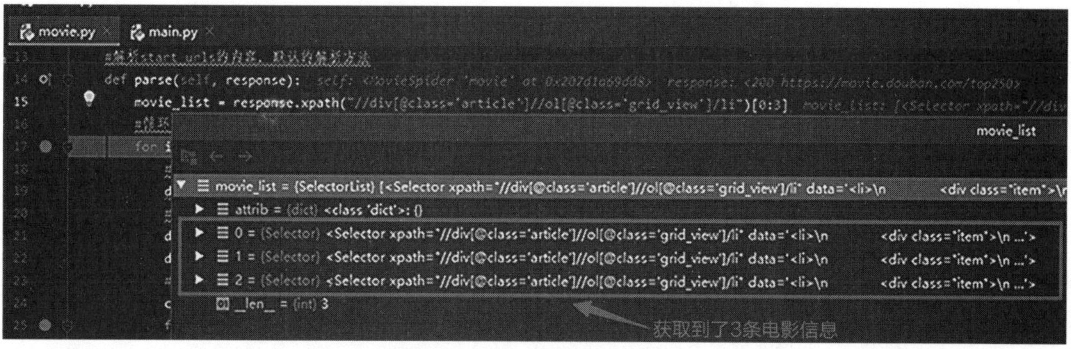

图 4.16　获取到数据信息

如果在 movie.py 中设置了多个断点，当要进行到下一个断点查看数据时，可以按 "F6" 键让程序进行到下一个断点。以此类推，PyCharm 就是这样调试 Scrapy 的。

4.4　Scrapy 的组件

Scrapy 是一个完整的爬虫框架，由 5 个核心组件和 2 个中间件组件组成。Scrapy 组件在 4.1 节和 4.2 节中已经做了介绍。本节将主要对 Scrapy 项目的各组件进行说明。在爬虫项目中，它的结构如图 4.17 所示。

（1）spiders 文件夹：管理各种爬虫文件，每个网站具体的爬取逻辑都写在各自的爬虫文件中。例如，图 4.17 中的 movie.py 就是写了爬取豆瓣电影 Top250 的具体爬取逻辑。

（2）items.py：用来定义需要爬取的数据结构。

（3）main.py：用于调试和运行爬虫项目。

（4）middlewares.py：已经预先定义了该爬虫项目的 Spider 中间件（Spider Middleware）和下载中间件（Downloader Middleware）。Spider Middleware 是自定义扩展引擎和 Spider

图 4.17　Scrapy 项目的结构

中间通信的功能组件。例如，进入 Spider 的 response 和从 Spider 出去的 request，都可以在中间做一些修改。Downloader Middleware 是一个自定义扩展组件，是封装代理 IP、HTTP 等用于隐藏自己的地方。

（5）pipelines.py：作用是将每一个 item 对象存储到 MySQL 或 MongoDB 数据库中。

（6）settings.py：对整个爬虫项目进行设置。

4.5 Scrapy 的数据流

Scrapy 项目中各组件之间的数据流按如下过程进行交互。

（1）爬虫文件中 start_urls 的值被封装成请求（request）交给引擎（Engine）。一个 URL 对应一个请求（request）。

（2）引擎（Engine）拿到请求（request）之后，将其全部交给 URL 调度器（Scheduler）。

（3）URL 调度器（Scheduler）拿到所有请求（request）后，通过内部的过滤器过滤掉重复的 URL，最后将去重后的 URL 放入 request 队列中。

（4）引擎（Engine）从 URL 调度器（Scheduler）的队列中调度出一个请求（request）交给下载器（Downloader）进行下载，其间会经过下载中间件（Downloader Middleware），使用 process_requests 方法进行处理。

（5）当下载器（Downloader）下载完成以后，其间还会经过下载中间件（Downloader Middleware），使用 process_response 方法将响应（response）返回给引擎（Engine）。

（6）引擎（Engine）将响应（response）交给爬虫（Spider）进行解析，解析成功后产生条目（item），随后爬虫（Spider）将条目（item）交给引擎（Engine）。

（7）引擎（Engine）将条目（item）交给条目管道（ItemPipelines），条目管道（ItemPipelines）拿到条目（item）后进行数据的持久化存储，存储到 MySQL 或 MongoDB 数据库。

（8）对于新的请求（request），爬虫（Spider）会将新的请求（request）发送给引擎（Engine），然后引擎（Engine）再将这些新的请求（request）发送到 URL 调度器（Scheduler）进行排队。然后重复（1）～（7）操作，直到获取到全部的信息为止。

以上是关于 Scrapy 组件数据流走向的说明，仅供参考。

4.6 数据存储

本节将通过一个实例介绍 Scrapy 项目中的数据是如何存储到 Excel 中的。在 4.3 节的实例中，我们已经获取到了最终数据。如果想用 Excel 做数据可视化，就把最终数据保存为 CSV 文件，再导入 Excel 中，具体操作过程如下。

（1）在 pipelines.py 中定义类为 CsvExporterPipeline，具体代码如下。

```python
# CsvItemExporter 用来保存 item 数据为 CSV 文件
from scrapy.exporters import CsvItemExporter
class CsvExporterPipeline(object):
    def __init__(self):
        # 创建接收文件，初始化 exporter 属性
        self.file = open("movie.csv", 'wb')  # movie.csv 为将要写入的文件名
        self.exporter = CsvItemExporter(self.file, fields_to_export=['serial_
            number', 'movie_name', "movie_introduce", 'star', 'evaluate',
            'describe'])                       # fields_to_export 中放入 items 字段列表
        self.exporter.start_exporting()  # 启动 start_exporting()，接收 item
    def process_item(self, item, spider):
        self.exporter.export_item(item)  # 从 items.py 中传入 item 值
        return item
    def spider_closed(self, spider):
        self.exporter.finish_exporting()  # 结束 exporter 的 exporting
        self.file.close()  # 关闭文件
```

（2）在 settings.py 中，打开 ITEM_PIPELINES 通道，设置代码如下。

```python
ITEM_PIPELINES = {
    'douban.pipelines.CsvExporterPipeline': 1,
    'douban.pipelines.DoubanPipeline': 300,
}
```

（3）切换到 main.py 文件下并右击，在弹出的快捷菜单中选择 "Run 'main'" 选项，运行该爬虫项目。

（4）movie.csv 文件会在 douban 文件夹下生成，如图 4.18 所示。

图 4.18　生成 movie.csv 文件

（5）到 douban 文件夹下，用 Excel 打开 movie.csv，最后把该文件另存为 Excel 格式。

4.7 Scrapy 如何定义中间件

有时我们需要编写一些下载中间件，如使用代理 IP、更换 User-Agent 等。下面两个示例演示了如何定义代理 IP 的下载中间件和定义更换 User-Agent 的中间件。这两个是爬虫运用过程经常用到的。

要使用下载中间件，就必须激活这个中间件，方法是在 settings.py 文件中设置 DOWNLOADER_MIDDLEWARES 字典，格式类似如下。

```
DOWNLOADER_MIDDLEWARES = {
    'douban.middlewares.DoubanDownloaderMiddleware': 543,
}
```

例 1：定义代理 IP 的下载中间件，具体步骤如下。

（1）在代理 IP 网站获取代理 IP，这里是在蜻蜓代理网站获取的代理 IP。它在 middlewares.py 这个中间件中定义了类 my_proxy，代码如下。

```
import urllib.request
class my_proxy(object):
    def process_request(self, request, spider):
        # 代理服务器
        proxyHost = "dyn.horocn.com"
        proxyPort = "50000"
        # 代理隧道验证信息
        proxyUser = "0GXP1657692710588099"
        proxyPass = "z2KvCpaVLUaATJSv"
        proxyMeta = "http://%(user)s:%(pass)s@%(host)s:%(port)s" % {
            "host": proxyHost,
            "port": proxyPort,
            "user": proxyUser,
            "pass": proxyPass,
        }
        proxy_handler = urllib.request.ProxyHandler({
            "http": proxyMeta,
            "https": proxyMeta,
        })
        opener = urllib.request.build_opener(proxy_handler)
        urllib.request.install_opener(opener)
```

（2）代理 IP 的下载中间件在 settings.py 文件中设置 DOWNLOADER_MIDDLEWARES 字典，代码如下。

```
DOWNLOADER_MIDDLEWARES = {
    'douban.middlewares.my_proxy': 1,      # 设置代理 IP 的下载中间件
}
```

例 2：定义更换 User-Agent 的中间件，具体步骤如下。

（1）在 middlewares.py 这个中间件中定义类 my_useragent，代码如下。

```
import random
class my_useragent(object):
    def process_request(self, request, spider):
        # 设置 User-Agent 列表
        USER_AGENT_LIST = [
            'Opera/9.20 (Macintosh; Intel Mac OS X; U; en)',
            'Opera/9.0 (Macintosh; PPC Mac OS X; U; en)',
            'iTunes/9.0.3 (Macintosh; U; Intel Mac OS X 10_6_2; en-ca)',
            'Mozilla/4.76 [en_jp] (X11; U; SunOS 5.8 sun4u)',
            'iTunes/4.2 (Macintosh; U; PPC Mac OS X 10.2)',
            'Mozilla/5.0 (Macintosh; Intel Mac OS X 10.8; rv:16.0) Gecko/
                20120813 Firefox/16.0',
            'Mozilla/4.77 [en] (X11; I; IRIX;64 6.5 IP30)',
            'Mozilla/4.8 [en] (X11; U; SunOS; 5.7 sun4u)'
        ]
        # 随机生成 User-Agent
        agent = random.choice(USER_AGENT_LIST)
        # 设置 HTTP 头
        request.headers['User_Agent'] = agent
```

（2）更换 User-Agent 的中间件在 settings.py 文件中设置 DOWNLOADER_MIDDLEWARES 字典，代码如下。

```
DOWNLOADER_MIDDLEWARES = {
    'douban.middlewares.my_proxy': 1,
    'douban.middlewares.my_useragent': 2,      # 开启更换 User-Agent 的中间件
}
```

注意

在 DOWNLOADER_MIDDLEWARES 字典中数字越小的，process_request() 越优先处理。中间件定义完一定要在 settings.py 文件中启用。

4.8 Scrapy 其他方法的使用

在 Scrapy 中用于定时任务的方法，可以使用 Python 源生的 sched 库来实现，示例代码如下。

```python
import time
import sched
import subprocess
# 初始化 sched 模块的 scheduler 类
# 第一个参数是一个可以返回时间戳的函数，第二个参数可以在定时未到达之前阻塞
scho = sched.scheduler(time.time, time.sleep)
# 被周期性调度触发的函数
def start_scrapy():
    subprocess.Popen('scrapy crawl movie')
def perform(inc):
    scho.enter(inc, 0, perform, (inc,))
    start_scrapy()    # 需要周期执行的函数
def main_scrapy():
    scho.enter(0, 0, perform, (10,))  # 每 10 秒执行一次
    scho.run()    # 开始运行，直到计划时间队列变成空为止
if __name__ == '__main__':
    main_scrapy()
```

动态添加待爬取的 URL 的方法，可以通过 scrapy.Request(' 待爬取的 URL', callback=self.parse, dont_filter=True) 来实现，那么 Scrapy 就会忽视 start_url=[' 入口 URL']，示例代码（动态获取下一页的 URL）如下。

```python
import scrapy
# 引入 items
from douban.items import DoubanItem
class MovieSpider(scrapy.Spider):
    # 爬虫名称
    name = 'movie'
    # 允许的域名
    allowed_domains = ['movie.douban.com/top250']
    # 入口 URL
    start_urls = ['https://movie.douban.com/top250']
    # 解析 start_urls 的内容，默认的解析方法
    def parse(self, response):
        movie_list = response.xpath("//div[@class='article']//ol[@class=
            'grid_view']/li")
        # 循环电影的条目
        for i_item in movie_list:
```

```
# item 文件导进来
douban_item = DoubanItem()
# 在当前 XPath 进一步细分，需要加一个点并解析到它的第一个数据 extract_first("")
douban_item['serial_number'] = i_item.xpath(".//div[@class=
    'item']//em/text()").extract_first("")
douban_item['movie_name'] = i_item.xpath(".//div[@class=
    'hd']//span[1][@class='title']/text()").extract_first("")
douban_item['star'] = i_item.xpath(".//div[@class='star']/
    span[2]/text()").extract_first("")
# 获取电影的介绍
count = i_item.xpath(".//div[@class='bd']/p[1]/text()").extract()
for i_count in count:
    # 去掉字符串的空格
    count_s = "".join(i_count.split())
    douban_item['movie_introduce'] = count_s
douban_item['evaluate'] = i_item.xpath(".//div[@class='star']//
    span[4]/text()").extract_first("")
douban_item['describe'] = i_item.xpath(".//div[@class='bd']//
    span[@class='inq']/text()").extract_first("")
# 将数据 yield 到 pipelines 中去（在那里进行数据的清洗和存储）
yield douban_item
next_link = response.xpath("//span[@class='next']/link/@href").extract()
# 查询下一页是否有链接，有链接则爬取，无链接则不爬取
if next_link:
    next_link = next_link[0]
    # 通过循环的方式将待爬取的 URL 添加到 Scrapy 中
    # 回调自己，使用 Request 的参数 dont_filter=True，这样 request 的地址和
    # allow_domain 里面的冲突而不会被过滤
    yield scrapy.Request("https://movie.douban.com/top250" + next_link,
                        callback=self.parse, dont_filter=True)
```

4.9 本章小结

    本章首先介绍了 Scrapy 的架构组成及其成分之间的相互作用，并且对 Scrapy 的目录及源码进行了较为详尽的分析。只有对 Scrapy 架构有充分的理解，才能开发出更好的爬虫项目。然后介绍了 Scrapy 项目是如何创建，如何在 PyCharm 中管理及调试。之后介绍了 Scrapy 组件在 Scarpy 框架中的位置和各组件之间的数据流是如何进行交互的，并通过实例的方式演示如何把数据存储到 Excel 中。最后通过实例介绍了 Scrapy 是如何定义中间件及 Scarpy 其他方法的使用：如何定时爬取和动态获取 URL。

第 5 章

Scrapy 进阶

前面几章讲解了 Scrapy 和数据库的知识，而且对网站进行了页面的简单爬取，对于一些比较规则的网站，我们基本上可以用 Spider 类去应付。但是，对于一些较为复杂，链接的存放不规则的网站，或者下载器中的并发请求数已经达到最大值，又该如何去爬取和提高速度呢？本章将通过实战项目的方式来解决这个问题，并介绍如何部署爬虫，定时自动化爬取。

5.1　理解 Scrapy 性能

Scrapy 性能就是组件的利用率，因为 Scrapy 是异步爬取的，分为三步：产生待爬取队列、排队爬取这些队列、存储爬取下来的 item，如果能够保证上面的每一步都不受限，就可以保证 Scrapy 的高效率。

在编写爬虫时，性能的消耗主要体现在 I/O 请求中，在单进程单线程模式下请求 URL 时必然会引起等待，从而使得请求整体变慢。而多进程和多线程的缺点是在 I/O 阻塞时会造成进程和线程的浪费。打个比喻，I/O 系统和排队系统很类似。排队系统的一个基础的定律就是 Little 定律，当系统达到平衡时，系统中元素的个数（N）等于系统的吞吐量乘总的排队时间（S），即 $N = T \cdot S$，Scrapy 的性能模型如图 5.1 所示。

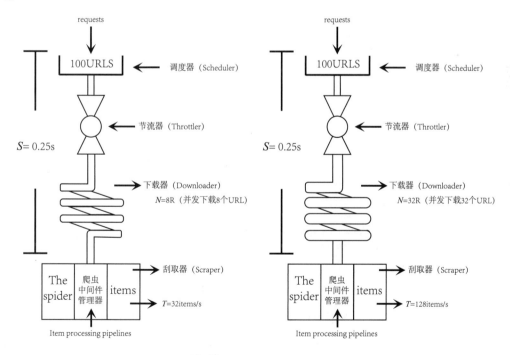

$$\text{Little 定律} \quad N = T \cdot S$$

图 5.1　Scrapy 的性能模型

Telnet 是 Internet 的远程登录服务的标准协议和主要方式，可以通过它远程登录来控制计算机或服务器。所以，可以利用 Telnet 查看 Scrapy 组件的利用率和控制 Scrapy 运行的进程。通过仔细地观察 Scrapy 的队列，可以知道瓶颈在哪，如果不在下载器，可以通过设置使它转移到下载器，这样就可以提升 Scrapy 爬取数据的效率。下面将通过一个实例来爬取豆瓣电影 Top250 的 100 页，以便更直观地去理解它。

首先需要在 Windows 系统中打开 Telnet，操作步骤如下。

（1）右击"此电脑"，在弹出的快捷菜单中选择"属性"选项，在弹出的"系统"窗口中选择"控制面板主页"选项，如图 5.2 所示。

图 5.2 "系统"窗口

（2）在"控制面板"窗口中选择"程序"选项，如图 5.3 所示。

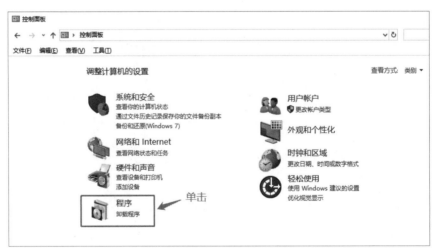

图 5.3 "控制面板"窗口

（3）在"程序"窗口中选择"启用或关闭 Windows 功能"选项，如图 5.4 所示。

（4）在"Windows 功能"窗口中，选中"Telnet Client"复选框，单击"确定"按钮，如图 5.5 所示，这时 Windows 系统会自动安装 Telnet Client。

图 5.4 "程序"窗口

图 5.5 "Windows 功能"窗口

（5）Telnet Client 开启后，由于 Telnet 终端监听设置中定义的 TELNETCONSOLE_PORT，默认为 6023，所以还需要打开 6023 端口。回到"控制面板"窗口，选择"系统和安全"选项，如图 5.6 所示。

图 5.6 选择"系统和安全"选项

（6）在"系统和安全"窗口中选择"检查防火墙状态"选项，如图5.7所示。

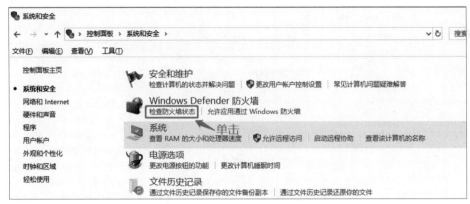

图 5.7 "系统和安全"窗口

（7）在"Windows Defender 防火墙"窗口中选择"高级设置"选项，如图5.8所示。

图 5.8 "Windows Defender 防火墙"窗口

（8）在"高级安全 Windows Defender 防火墙"窗口中，第一步选择"入站规则"选项，第二步选择"新建规则"选项，如图5.9所示。

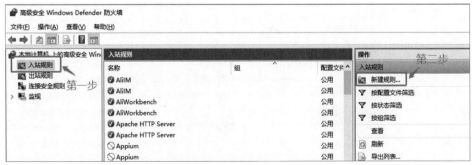

图 5.9 "高级安全 Windows Defender 防火墙"窗口

（9）根据新建入站规则向导，选择要创建的规则类型为端口，单击"下一步"按钮。在下一个界面选择此规则应用于 TCP，并且应用于特定本地端口，输入"6023"，如图 5.10 所示，最后单击"下一步"按钮。

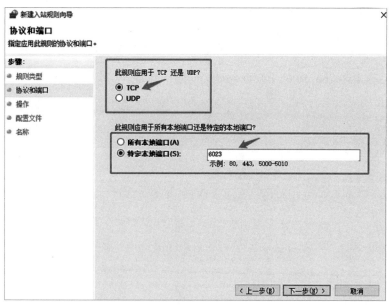

图 5.10 "新建入站规则向导"对话框

（10）之后一直单击"下一步"按钮，用默认的配置即可。在最后一个界面，写上自定义规则的名称和描述，最后单击"完成"按钮，如图 5.11 所示，这样 6023 的端口就开通好了。

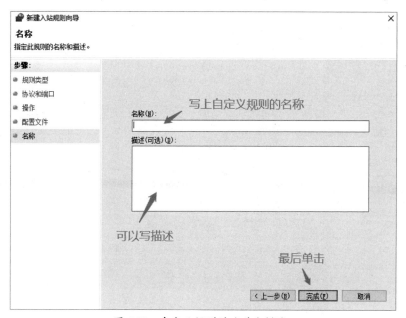

图 5.11 自定义规则的名称和描述

（11）要开始一个 Telnet 会话，必须输入用户名和密码来登录服务器。Telnet 控制台的用户名默认是 scrapy，密码默认是让它自动生成的，可以在 Scrapy 的 settings.py 中设置日志信息，用来查看密码和控制台的信息，代码如下。

```
# 日志文件
LOG_FILE = "mySpider.log"   # 设置日志文件名
LOG_LEVEL = "INFO"     # 日志的类型为信息显示
```

（12）爬取豆瓣电影 Top250 的 100 页 spider.py 的代码如下。

```python
# -*- coding: utf-8 -*-
import scrapy
# 引入 items
from douban.items import DoubanItem
class MovieSpider(scrapy.Spider):
    # 爬虫名称
    name = 'movie'
    # 允许的域名
    allowed_domains = ['movie.douban.com/top250']
    # 入口 URL
    start_urls = ['https://movie.douban.com/top250']
    custom_settings = {
        'ITEM_PIPELINES': {'douban.pipelines.DoubanPipeline': 300},
    }
    # 解析 start_urls 的内容，默认的解析方法
    def parse(self, response):
        movie_list = response.xpath("//div[@class='article']//ol[@class=
            'grid_view']/li")
        # 循环电影的条目
        for i_item in movie_list:
            # item 文件导进来
            douban_item = DoubanItem()
            # 在当前 XPath 进一步细分，需要加一个点并解析到它的第一个数据 extract_first("")
            douban_item['serial_number'] = i_item.xpath(".//div[@class=
                'item']//em/text()").extract_first("")
            douban_item['movie_name'] = i_item.xpath(".//div[@class=
                'hd']//span[1][@class='title']/text()").extract_first("")
            douban_item['star'] = i_item.xpath(".//div[@class='star']/
                span[2]/text()").extract_first("")
            # 获取电影的介绍
            count = i_item.xpath(".//div[@class='bd']/p[1]/text()").extract()
            for i_count in count:
                # 去掉字符串的空格
                count_s = "".join(i_count.split())
```

```
                douban_item['movie_introduce'] = count_s
            douban_item['evaluate'] = i_item.xpath(".//div[@class='star']//
                span[4]/text()").extract_first("")
            douban_item['describe'] = i_item.xpath(".//div[@class='bd']//
                span[@class='inq']/text()").extract_first("")
            # 将数据 yield 到 pipelines 中去 (在那里进行数据的清洗和存储)
            yield douban_item
        next_link = response.xpath("//span[@class='next']/link/@href").extract()
        # 查询下一页是否有链接, 有链接则爬取, 无链接则不爬取
        if next_link:
            next_link = next_link[0]
            # 通过循环的方式将待爬取的 URL 添加到 Scrapy 中
            # 回调自己, 使用 Request 的参数 dont_filter=True, 这样 request 的地址和
            # allow_domain 里面的冲突而不会被过滤
            yield scrapy.Request("https://movie.douban.com/top250" + next_link,
                                 callback=self.parse, dont_filter=True)
```

items.py 的代码如下。

```
import scrapy
class DoubanItem(scrapy.Item):
    # 电影序号
    serial_number = scrapy.Field()
    # 电影名称
    movie_name = scrapy.Field()
    # 电影的介绍
    movie_introduce = scrapy.Field()
    # 电影星级
    star = scrapy.Field()
    # 电影的评论数
    evaluate = scrapy.Field()
    # 电影的描述
    describe = scrapy.Field()
```

在 Scrapy 的 settings.py 中设置日志文件名及其类型，代码如下。

```
# 日志文件
LOG_FILE = "mySpider.log"
LOG_LEVEL = "INFO"
```

（13）在 Windows 系统中打开 CMD 命令行窗口，定位到爬虫文件夹所在的位置，输入 "scrapy crawl movie -s SPEED_PIPELINE_ASYNC_DELAY=10"。

（14）在 PyCharm 中可以看到在该爬虫目录下生成了 mySpider.log，其中该 Log 显示出 Telnet 正在 6023 端口监听，而且还自动生成了 Telnet 的密码，如图 5.12 所示。

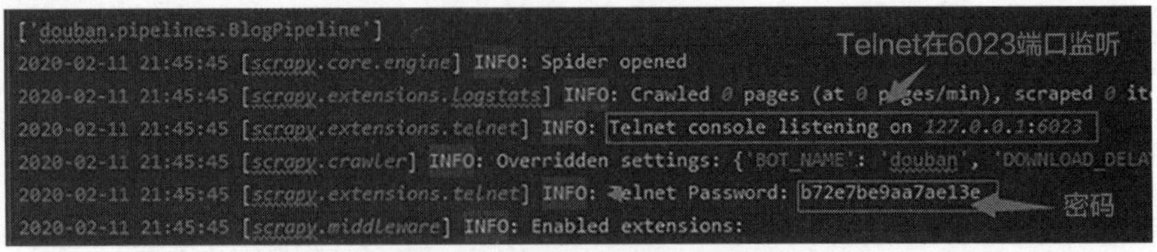

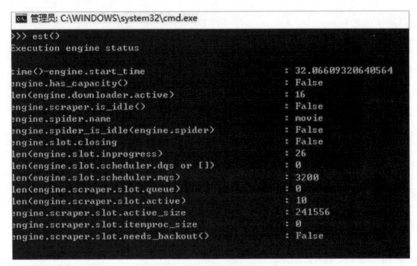

图 5.12　查看密码和监听端口

（15）在 Windows 系统中再打开一个 CMD 命令行窗口，输入 "telnet localhost 6023"。在弹出的窗口中，输入 "Username:scrapy"，Password 为 mySpider.log 获取到 Telnet 的密码。当然，也可以在 Scrapy 的 settings.py 中设置 Telnet 的密码，代码如下。

```
TELNETCONSOLE_PASSWORD = "自定义的密码"
```

这样，在窗口中输入的 Password 就是自定义的密码了。

（16）接下来输入 "est()"，目的是打印当前 Spider 的状态，结果如图 5.13 所示。

图 5.13　当前 Spider 的状态

下面介绍 est() 参数的含义。

① time()-engine.start_time：表示该爬虫启动了多久（32 秒多）。

② len(engine.downloader.active)：表示现在有 16 个请求正在下载。

③ engine.scraper.is_idle()：表示现在是否是空闲的，False 是非空闲状态。

④ engine.spider.name：表示当前爬虫的名称为 movie。

⑤ engine.spider_is_idle(engine.spider)：表示当前的 Spider 是否空闲。

⑥ len(engine.slot.scheduler.mqs)：表示调度器中有 3200 个请求等待处理。

⑦ len(engine.scraper.slot.active)：表示现在正有 10 个响应在 Scraper 中处理。

⑧ engine.scraper.slot.active_size：表示这些响应总的大小为 241556。

⑨ engine.scraper.slot.itemproc_size：表示 Pipeline 中有 0 个 item 被处理。

从上面的数据中可以看出，下载器就是爬虫系统的瓶颈，因为在下载器之前有很多请求（engine.slot.scheduler.mqs）在调度器的队列中等待处理，下载器已经被充分地利用了；在下载器之后，就有一个比较稳定的工作量，在 engine.scraper.slot.active 中可以显示出来。可以通过多次调用 est() 函数来查看它们。要获得最高的性能，可以在 Scrapy 的 settings.py 中设置 CONCURRENT_REQUESTS 的值。一开始可以从一个低的值开始，一直增加这个值，直到达到了以下某个限制。

① CPU 使用率达到 85% 左右。

②目标网站的爬取延迟显著上升。

③爬虫和 Pipeline 中的所有 response 对象占用的总内存大小不能大于 5MB。

需要注意的是，在任何时候都要保证调度器的队列中有一些 request，以保证下载器中的请求数量；在同一个线程中永远不要使用阻塞的代码或 CPU 密集型的代码，如果要使用，请用另一个线程来处理。Middleware 和 Pipelines 这两个部件，最容易写成阻塞型操作，而超时的阻塞型操作会让异步变得毫无意义。

5.2 编写 Spider 的逻辑

在 Scrapy 中，要抓取网站的链接配置、抓取逻辑、解析逻辑等其实都是在 Spider 中配置的。下面通过爬取博客园的新闻网页的实例，来演示 Spider 的逻辑是如何编写的。

按"Win + R"快捷键，打开"运行"对话框，输入"cmd"，单击"确定"按钮，打开 CMD 命令行窗口，输入以下命令，定义到新建的爬虫文件夹，并在此爬虫文件夹下，创建了一个 Spider。

```
scrapy genspider news news.cnblogs.com
```

这样，该命令会在此 Spider 目录下创建一个名为 news.py 的文件夹，其中的代码如下。

```
import scrapy    # 导入 scrapy 模块
class NewsSpider(scrapy.Spider):    # 爬虫类名为 NewsSpider
    name = 'news'    # 爬虫名称为 news
    allowed_domains = ['news.cnblogs.com'] # 告诉 Scrapy 只能爬取的域名是
                                           # news.cnblogs.com
    start_urls = ['https://news.cnblogs.com'] # Scrapy 爬取的起始地址列表是
                                              # https://news.cnblogs.com
    def parse(self, response):    #  Scrapy 的默认回调函数 parse
        print(response.text)    # 打印请求到的网页，以文本形式显示的 HTTP 正文，是 str 类型
```

从上面的代码打印出请求到的网页，接下来就是如何从页面中获取所需要的信息，需要提取的网页信息如图 5.14 所示。

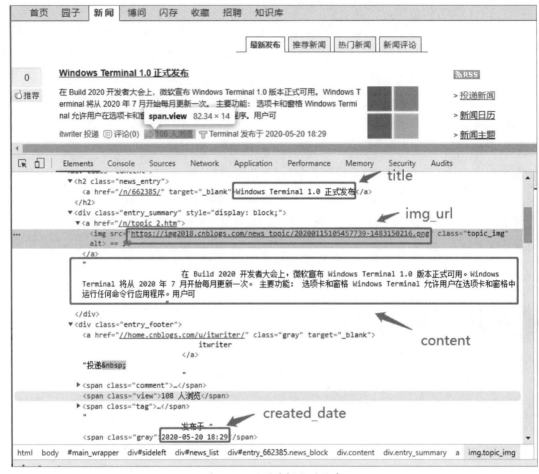

图 5.14　网页要提取的信息

Scrapy 提供了两种用法：CSS 选择器和 XPath 选择器的用法，在 2.3 节中已经做了介绍。通过结合 response、XPath，就可以写出简单的爬虫。下面是以 https://news.cnblogs.com 为例，爬取 title/content/create_date/img_url 并返回，代码如下。

```
import scrapy
import re  # 导入正则表达式 re 模块
class NewsSpider(scrapy.Spider):  # 爬虫类名为 NewsSpider
    name = 'news' # 爬虫名称为 news
    allowed_domains = ['news.cnblogs.com']
    start_urls = ['https://news.cnblogs.com']
    def parse(self, response):
        blog_list = response.xpath('//*[@id="news_list"]/div[@class="news_block"]')
                                        # 获取爬取第一页的爬取新闻列表
```

```
for i_blog in blog_list:
    title_name = i_blog.xpath('.//div[2]/h2/a/text()').extract()
                                          # 获取新闻标题名
    str = ','.join(title)
    title = str
    content_name = i_blog.xpath('.//div[2]/div[1]/text()').extract()
                                          # 获取新闻内容
    for i_count in content_name:
        # 去掉字符串的空格
        count_s = "".join(i_count.split())
        content = count_s
    create_dates = i_blog.xpath(".//div[@class='entry_footer']/span[
      @class='gray']/text()").extract_first("")    # 获取发表时间
    # 通过正则表达式格式化日期
    martch_re = re.match(".*?(\d+.*)", create_dates)
    if martch_re:
        create_date = martch_re.group(1)
    image_urls = i_blog.xpath('.//div[@class="entry_summary"]/a/img/
      @src').extract_first("")        # 获取图片地址
    # 判断获取到的图片地址，根据情况整理出完整的图片 URL
    if 'images0.cnblogs.com' in image_urls:
        img_url = 'https:' + image_urls
    elif 'images2015.cnblogs.com' in image_urls:
        img_url = 'https:' + image_urls
    else:
        img_url = image_urls

    yield {'title': title, 'content': content, 'create_date': create_date,
        'img_url': img_url}    # 用 dict 形式返回爬取到的数据
```

注意

> parse 函数包含对抓取到的网页进行解析和处理该网页的逻辑，并返回获取的数据，它一般以 item 或 dict 形式返回。

5.3 Item 和 Pipeline

从 5.2 节可以看到最后的结果是通过 yield 一个 dict 形式的数据来返回的。由于 dict 缺少数据结构，没法保证每一处返回都能返回相同的字段（例如，img_url 的图片地址获取，有些新闻文章是没有的）。所以，Scrapy 提供了 Item 类，用来声明爬取数据的数据结构，该类提供了 dict-like 的接口，在此可以很方便地使用它。

根据上面爬到的数据，在 Scrapy 的 items.py 中设置，数据结构声明的代码如下。

```python
# import scrapy
class CnblogspiderItem(scrapy.Item):   # scrapy.Item 是基类
    # scrapy.Field 用来描述自定义数据中包含哪些字段信息
    title = scrapy.Field()   # 文章标题
    content = scrapy.Field()   # 文章内容
    front_image_url = scrapy.Field()  # 图片地址
    create_date = scrapy.Field()   # 文章创建时间
```

声明好爬取数据的数据结构后，需要在 Spider 中使用 Item，所以 spider.py 中的代码修改如下。

```python
# -*- coding: utf-8 -*-
import scrapy
import re    # 导入正则表达式 re 模块
from douban.items import CnblogspiderItem

class NewsSpider(scrapy.Spider):      # 爬虫类名为 NewsSpider
    name = 'news'    # 爬虫名称为 news
    allowed_domains = ['news.cnblogs.com']
    start_urls = ['https://news.cnblogs.com']     # 开始爬取的网页地址
    custom_settings = {
        'ITEM_PIPELINES': {'douban.pipelines.BlogPipeline': 5},
    }

    # 解析 start_urls 的内容，默认的解析方法
    def parse(self, response):
        blog_list = response.xpath('//*[@id="news_list"]/div[@class="news_block"]')
                                    # 获取爬取第一页的爬取新闻列表
        for i_blog in blog_list:
            # 将 item 文件导进来
            article_item = CnblogspiderItem()
            title = i_blog.xpath('.//div[2]/h2/a/text()').extract()
                                                        # 获取新闻标题名
            str = ','.join(title)
            article_item['title'] = str
            content = i_blog.xpath('.//div[2]/div[1]/text()').extract()
                                                        # 获取新闻内容
            for i_count in content:
                # 去掉字符串的空格
                count_s = "".join(i_count.split())
                article_item['content'] = count_s
            create_date = i_blog.xpath(".//div[@class='entry_footer']/span[
                @class='gray']/text()").extract_first("")    # 获取发表时间
            # 通过正则表达式格式化日期
            martch_re = re.match(".*?(\d+.*)", create_date)
```

```
            if martch_re:
                article_item['create_date'] = martch_re.group(1)
            image_urls = i_blog.xpath('.//div[@class="entry_summary"]/a/img/
                @src').extract_first("")        # 获取图片地址
            # 判断获取到的图片地址，根据情况整理出完整的图片 URL
            if 'images0.cnblogs.com' in image_urls:
                img_url = 'https:' + image_urls
            elif 'images2015.cnblogs.com' in image_urls:
                img_url = 'https:' + image_urls
            else:
                img_url = image_urls
            article_item['front_image_url'] = img_url
            yield article_item     # article_item 数据先返回到 ItemPipeline
```

从 Spider 爬取获得之后的数据会被送到 ItemPipeline，ItemPipeline 的定义放在 Scrapy 的 pipelines.py 中。ItemPipeline 是处理数据的组件，它们接收 Item 参数并在其上处理接收到的数据，ItemPipeline 的常见用法有以下几种。

（1）清理脏数据。

（2）去重。

（3）验证数据的有效性。

（4）保存 item 数据到 JSON 文件或 CSV 文件。

（5）保存 item 数据到数据库，进行永久化存储。

如果需要把爬取到的数据保存到 news.csv 中，就要在 pipelines.py 中自定义一个 ItemPipeline，代码如下。

```
from scrapy.exporters import CsvItemExporter    # 定义导出数据的组件为 Exporter,
                                                # 以 CSV 格式输出
class CsvNewsPipeline(object):
    def __init__(self):
        self.file = open("news.csv", 'wb')       # 保存数据到 news.csv 文件
        self.exporter = CsvItemExporter(self.file, fields_to_export=['title',
            'content', "create_date", 'front_image_url'])    # 设置 4 个字段
        self.exporter.start_exporting()
    def process_item(self, item, spider):        # 每个 item 被 spider yield 时都
                                                # 会调用。该方法现在返回一个 item
        self.exporter.export_item(item)
        return item
    def spider_closed(self, spider):         # 在 Spider 关闭时（数据爬取后）调用该函数，
                                            # 关闭 news.csv 文件
        self.exporter.finish_exporting()
        self.file.close()
```

最后，需要启用 ItemPipeline，在 settings.py 中添加以下代码。

```
ITEM_PIPELINES = {
    'douban.pipelines.CsvNewsPipeline': 1
}
```

5.4 ▷ 数据库存储

从 5.3 节的示例中看到，可以把数据存储在文件中，实际上还可以在 pipelines.py 文件中编写代码，保存数据到数据库，作为永久存储。

下面介绍 Scrapy 数据存储在 MySQL 数据库的两种方法（用 5.3 节的示例来说明）。

（1）同步存储：数据量小时采用，即 Scarpy 爬取的速度小于数据库插入的速度时采用。在 pipelines.py 文件中的代码如下。

```python
import MySQLdb  # 导入数据库模块
from douban.items import CnblogspiderItem  # 从 item 导入 CnblogspiderItem
class MysqlNewsPipeline(object):
    def __init__(self):
        # 链接 MySQL 数据库
        self.conn = MySQLdb.connect("localhost", "root", "root", "blog",
                                    charset="utf8", use_unicode=True)
        self.cursor = self.conn.cursor()
    # 数据同步插入到 MySQL 数据库
    def process_item(self, item, spider):
        # SQL 语句
        insert_sql = """
            insert into news(title, content, front_image_url, create_date)
              values(%s, %s, %s, %s)
        """
        # 从 item 获得数据
        params = list()
        params.append(item.get("title", ""))
        params.append(item.get("content", ""))
        params.append(item.get("front_image_url", ""))
        params.append(item.get("create_date", ""))
        # 执行插入数据到数据库操作
        self.cursor.execute(insert_sql, tuple(params))
        # 提交，保存到数据库
        self.conn.commit()
        return item
```

最后在 settings.py 文件中，设置如下。

```
ITEM_PIPELINES = {
    'douban.pipelines.CsvNewsPipeline': 1,
    'douban.pipelines.MysqlNewsPipeline': 8
}
```

（2）异步操作：数据量大时采用，即 Scarpy 爬取的速度大于数据库插入的速度时采用，当数据量大时会出现堵塞，就需要采用异步保存。在 pipelines.py 文件中的代码如下。

```
import MySQLdb
from twisted.enterprise import adbapi      # 导入 adbapi 模块
from MySQLdb.cursors import DictCursor
from douban.items import CnblogspiderItem
# MySQL 异步导入数据
class MysqlYbNewsPipeline(object):
    def __init__(self, dbpool):
        self.dbpool = dbpool
    @classmethod
    def from_settings(cls, settings):
        # 数据库配置文件从 setting 中读，数据库建立连接
        dbparms = dict(
            host=settings["MYSQL_HOST"],
            db=settings["MYSQL_DBNAME"],
            user=settings["MYSQL_USER"],
            passwd=settings["MYSQL_PASSWORD"],
            charset='utf8',
            cursorclass=DictCursor,
            use_unicode=True,
        )
        # 连接数据池 ConnectionPool，使用 MySQLdb 连接
        dbpool = adbapi.ConnectionPool("MySQLdb", **dbparms)
        # 返回实例化参数
        return cls(dbpool)
    def process_item(self, item, spider):
        """
        使用 Twisted 将 MySQL 插入变成异步执行。通过连接池执行具体的 SQL 操作，返回一个对象
        """
        query = self.dbpool.runInteraction(self.do_insert, item)
                                                        # 指定操作方法和操作数据
        query.addErrback(self.handle_error, item, spider)    # 添加异常处理
    def handle_error(self, failure, item, spider):
        if failure:
            print(failure)   # 打印错误信息
    def do_insert(self, cursor, item):
        # 对数据库进行插入操作，并不需要 commit，Twisted 会自动 commit
        insert_sql = """
```

```
            insert into news(title, content, front_image_url, create_date)
              values(%s, %s, %s, %s)
            """
        params = list()
        params.append(item.get("title", ""))
        params.append(item.get("content", ""))
        params.append(item.get("front_image_url", ""))
        params.append(item.get("create_date", ""))
        cursor.execute(insert_sql, tuple(params))
```

最后在 settings.py 文件中，设置如下。

```
ITEM_PIPELINES = {
    'douban.pipelines.CsvNewsPipeline': 1,
    'douban.pipelines.MysqlYbNewsPipeline': 9
}
```

5.5 Scrapy 集成随机 User-Agent 和代理 IP

在应用爬虫，遵循 Robot 协议爬取网站时，对于一些警觉性高的网站，会侦测 User-Agent，即查询是否持续访问网站的是同一种浏览器。为了避开这种网站的侦测，每次请求时，可以随机伪装成不同类型的浏览器（不同的 User-Agent）。

那么，如何实现随机更换 User-Agent 呢？Scrapy 的下载中间件（Downloader Middleware）可以实现 User-Agent 随机切换。这里要做的就是通过在 Downlaoder Middleware 中自定义一个类来实现随机更换 User-Agent。在 Scrapy 的 middlewares.py 中定义的代码如下。

```
from scrapy import signals
import urllib.request
import random  # 导入 random 模块
class my_useragent(object):
    def process_request(self, request, spider):
        # 设置 User-Agent 列表
        USER_AGENT_LIST = [
            'Opera/9.20 (Macintosh; Intel Mac OS X; U; en)',
            'Opera/9.0 (Macintosh; PPC Mac OS X; U; en)',
            'iTunes/9.0.3 (Macintosh; U; Intel Mac OS X 10_6_2; en-ca)',
            'Mozilla/4.76 [en_jp] (X11; U; SunOS 5.8 sun4u)',
            'iTunes/4.2 (Macintosh; U; PPC Mac OS X 10.2)',
            'Mozilla/5.0 (Macintosh; Intel Mac OS X 10.8; rv:16.0) Gecko/
              20120813 Firefox/16.0',
```

```
        'Mozilla/4.77 [en] (X11; I; IRIX;64 6.5 IP30)',
        'Mozilla/4.8 [en] (X11; U; SunOS; 5.7 sun4u)'
    ]
    # 随机生成 User-Agent
    agent = random.choice(USER_AGENT_LIST)
    print('agent: ', agent)
    # 设置 HTTP 头
    request.headers['User_Agent'] = agent
```

在 settings.py 文件中找到 DOWNLOADER_MIDDLEWARES，将其注释的部分取消掉，激活中间件，并且写入以下代码。

```
DOWNLOADER_MIDDLEWARES = {
    'douban.middlewares.my_useragent': 2,
    'scrapy.downloadermiddlewares.useragent.UserAgentMiddleware': None,
              # 这里要设置原来的 Scrapy 的 User-Agent 为 None，否则会被覆盖掉
}
```

有的网站会设置 IP 访问的频率的最大值，一旦该 IP 访问的频率超过这个值，就会被网站认定为不良的爬虫程序，进而封杀 IP，禁止它访问网站内的任何信息。虽然可以使用 IP 延迟的方法来访问网站，但这样显然会降低爬虫的效率，而 IP 又不可能去伪造。这时，就只能使用代理 IP 了。代理 IP 的原理如图 5.15 所示。

对于爬虫来说，使用代理 IP 主要有以下优势。

（1）避免被目标网站封杀。

（2）提高了爬虫的效率。

在互联网上有很多代理 IP，这里用的是蜻蜓代理，代理 IP 是通过 request 的 meta 属性进行传入。在 Scrapy 的 middlewares.py 中定义代理 IP 的代码如下。

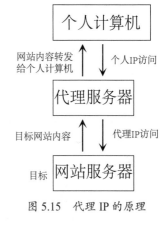

图 5.15　代理 IP 的原理

```
from scrapy import signals
import urllib.request  # 导入 request 模块
class my_proxy(object):
    def process_request(self, request, spider):
        # 代理服务器
        proxyHost = "dyn.horocn.com"
        proxyPort = "50000"
        # 代理隧道验证信息
        proxyUser = "输入蜻蜓代理给你的用户名"
        proxyPass = "输入蜻蜓代理给你的密码"
        proxyMeta = "http://%(user)s:%(pass)s@%(host)s:%(port)s" % {
            "host": proxyHost,
```

```
            "port": proxyPort,
            "user": proxyUser,
            "pass": proxyPass,
    }
    # 创建 ProxyHandler 处理器（代理设置）
    proxy_handler = urllib.request.ProxyHandler({
        "http": proxyMeta,
        "https": proxyMeta,
    })
    opener = urllib.request.build_opener(proxy_handler) # 创建 opener
    urllib.request.install_opener(opener) # 安装 opener
```

在 settings.py 文件中找到 DOWNLOADER_MIDDLEWARES，写入以下代码。

```
DOWNLOADER_MIDDLEWARES = {
    'douban.middlewares.my_proxy': 1,
    'douban.middlewares.my_useragent': 2,
    'scrapy.downloadermiddlewares.useragent.UserAgentMiddleware': None,
                    # 这里要设置原来的 Scrapy 的 User-Agent 为 None，否则会被覆盖掉
}
```

这样，该爬虫项目的代理 IP 就设置完成了。

5.6 突破反爬技术

爬虫是自动获取网站数据的程序，关键是批量地获取数据。反爬虫是目标网站使用技术手段防止爬虫程序的方法。它们设置反爬虫技术的原因有以下几种。

（1）初级爬虫：由于它简单粗暴地爬取目标网站的数据，使目标网站服务器承受很大的压力，而且容易使目标网站无法正常运行。

（2）失控的爬虫：在某些情况下，忘记或无法关闭的爬虫。

（3）网站出于数据保护的目的。

（4）防止商业竞争对手爬取有用的数据。

为了防止反爬虫技术误伤，可以采取下面几种反爬虫技术。

（1）控制 IP 访问频率，在 Scrapy 的 settings.py 中设置代码如下。

```
DOWNLOAD_DELAY = 5   # 下载延迟为 5 秒
```

（2）Cookie 禁用，如果目标网站用不到 Cookie，就不要让对方知道 Cookie，在 Scrapy 的 settings.py 中设置代码如下。

```
COOKIES_ENABLED = False
```

（3）使用 User-Agent 池，在 5.5 节中已经做了介绍。

（4）使用代理 IP 池，在 5.5 节中已经做了介绍。

（5）对于大型的爬虫系统，使用分布式爬取（Scrapy-Redis）。

（6）使用 Selenium 模拟浏览器登录。

5.7 图片和文件下载

前几章已实现了从爬取的网页中提取文字信息。但是，网络中还有更多形式的数据资源，如视频、图片、文件、压缩包等。本节将介绍如何使用 Scrapy 提供的图片和文件管道来实现图片和文件的下载。

5.7.1 图片下载

对于爬取网页中的图片来说，Scrapy 专门提供了图片管道（ImagesPipeline）。当然，也可以扩展 ImagesPipeline，实现自定义图片管道功能。ImagesPipeline 有两个配置选项，分别如下。

（1）过滤掉设置的最小尺寸的图片，在 Scrapy 的 settings.py 中设置代码如下。

```
IMAGES_MIN_HEIGHT = 10          # 设定下载图片的最小高度
IMAGES_MIN_WIDTH = 10           # 设定下载图片的最小宽度
```

（2）下载的图像生成指定的缩略图大小，在 Scrapy 的 settings.py 中设置代码如下。

```
IMAGES_THUMBS = {
    'small': (100, 100),
    'big': (360, 360),
}
```

当上面的代码设置好，也就相当于缩略图的功能开启了，接下来在图片管道中用下面的格式去创建每个指定大小的缩略图，代码如下。

```
IMAGES_THUMBS = {
    'small': (100, 100),
    'big': (360, 360),
}
```

本小节将用 5.2 节的示例更清晰地说明如何使用 Scrapy 的图片管道爬取一个网页中的图片。5.2 节的示例已经获取到网站的图片地址，接下来就是如何把网站中的图片存储到本地，具体实现如下。

（1）在 items.py 中再添加一个数据字段（front_image_path），代码如下。

```python
class CnblogspiderItem(scrapy.Item):
    # 标题
    title = scrapy.Field()
    # 内容
    content = scrapy.Field()
    # 图片地址
    front_image_url = scrapy.Field()
    # 文章创建时间
    create_date = scrapy.Field()
    # 存储于本地的图片地址
    front_image_path = scrapy.Field()
```

（2）在 Spider 文件中，把获取到的图片地址数据格式改成列表形式，修改的代码如下。

```python
image_urls = i_blog.xpath('.//div[@class="entry_summary"]/a/img/@src').
  extract_first("")    # 获取图片地址
# 判断获取到的图片地址，根据情况整理出完整的图片 URL
if 'images0.cnblogs.com' in image_urls:
    img_url = ['https:' + image_urls]
elif 'images2015.cnblogs.com' in image_urls:
    img_url = ['https:' + image_urls]
elif image_urls == '':
    img_url = []
else:
    img_url = [image_urls]
article_item['front_image_url'] = img_url
```

（3）在 pipelines.py 中创建扩展的 ImagesPipeline 类，代码如下。

```python
from scrapy.pipelines.images import ImagesPipeline  # 导入 ImagesPipeline 模块
# 存储本地图片路径
class DoubanImagePipeline(ImagesPipeline):
    def item_completed(self, results, item, info):
        if "front_image_url" in item:
            image_file_path = ""
            for ok, value in results:
                image_file_path = value["path"] # 将路径保存在 item 中返回
            item["front_image_path"] = image_file_path
        return item
```

（4）在爬虫文件夹下，新增一个 images 文件夹，然后在 settings.py 中进行图片管道的配置，代码如下。

```python
import sys
```

```
import os
BASE_DIR = os.path.dirname(os.path.abspath(os.path.dirname(__file__)))
sys.path.insert(0, os.path.join(BASE_DIR, 'douban'))
ITEM_PIPELINES = {
    'douban.pipelines.DoubanImagePipeline': 1,    # 启用图片管道
    'douban.pipelines.MysqlYbNewsPipeline': 10,   # 异步存入 MySQL 数据库
}
IMAGES_URLS_FIELD = 'front_image_url'  # 在 items.py 中配置的爬取的图片地址
project_dir = os.path.dirname(os.path.abspath(__file__)) # 获取绝对地址
IMAGES_STORE = os.path.join(project_dir, 'images') # 组装新的图片路径，设置图片
                                                   # 存储目录 images 文件夹

# 设置图片缩略图
IMAGES_THUMBS = {
    'small': (50, 50),
    'big': (360, 360),
}
# 图片过滤器，设置最小高度和宽度，低于此尺寸不下载
IMAGES_MIN_HEIGHT = 100
IMAGES_MIN_WIDTH = 100
```

（5）Scrapy 抓取图片时，通常情况下所有图片都会被保存到 IMAGES_STORE 指定路径下的 full 文件夹下。所以，运行上面的代码，可以看到在爬虫目录下的 images 文件夹下生成了 full 文件夹，下载的图片都存储在该文件夹中，如图 5.16 所示。

图 5.16　存放下载图片的文件夹

5.7.2 文件下载

由于文件下载在爬虫中经常会应用到，因此 Scrapy 提供了文件管道（FilesPipeline）用于文件的下载。当然，也可以扩展 FilesPipeline，实现自定义文件管道功能。使用 FilesPipeline 的优点是，避免重新下载最近已经下载过的数据；可以指定存储路径。下面通过一个实例：在 Twisted 官网下载 Python 代码，来介绍如何使用 FilesPipeline，步骤如下。

（1）创建 Scrapy 项目 twsitedPython，代码如下。

```
scrapy startproject twsitedPython
cd twsitedPython
scrapy genspider pytnonmsg twistedmatrix.com/documents/current/core/examples
```

（2）用 item 封装数据，代码如下。

```
import scrapy
class TwsitedpythonItem(scrapy.Item):
    file_urls = scrapy.Field()    # 指定文件下载的链接
    filesmsg = scrapy.Field()    # 文件下载完成后会往里面写相关的信息
```

（3）创建 Spider 类，在 Spider 的 pytnonmsg.py 中的代码如下。

```
import scrapy
from twsitedPython.items import TwsitedpythonItem
class PytnonmsgSpider(scrapy.Spider):
    name = 'pytnonmsg'
    allowed_domains = ['twistedmatrix.com/documents/current/core/examples']
    start_urls = ['http://twistedmatrix.com/documents/current/core/examples/']
    def parse(self, response):
        python_list = response.xpath('//a[@class="reference download internal"]/
            @href').extract()    # 获取下载链接
        for i_python in python_list:
            # 将 item 文件导进来
            python_item = TwsitedpythonItem()
            python_url = [response.urljoin(i_python)]  # 使用 urljoin() 方法
                                                       # 构建完整的绝对 URL
            python_item['file_urls'] = python_url
            yield python_item
```

（4）在 pipelines.py 中写入 FilesPipeline 的扩展，代码如下。

```
from scrapy.pipelines.files import FilesPipeline  # 导入 FilesPipeline 模块
from urllib.parse import urlparse
import os
```

```python
class TwsitedpythonPipeline(object):
    def process_item(self, item, spider):
        return item
# 存储本地文件路径
class PythonPipeline(FilesPipeline):
    def __init__(self, *args, **kwargs):
        super().__init__(*args, **kwargs)
    # 获取外部传进来的文件名
    def file_path(self, request, response=None, info=None):
        parse_result = urlparse(request.url)
        path = parse_result.path
        basename = os.path.basename(path)
        return basename
```

（5）在 settings.py 中进行项目配置，添加的代码如下。

```python
import sys
import os
BASE_DIR = os.path.dirname(os.path.abspath(os.path.dirname(__file__)))
                                                       # 设置基础目录
sys.path.insert(0, os.path.join(BASE_DIR, 'twsitedPython'))
DOWNLOAD_DELAY = 5   # 下载延迟 5 秒
# 打开 ITEM_PIPELINES
ITEM_PIPELINES = {
    'twsitedPython.pipelines.TwistedPipeline': 1,
    'twsitedPython.pipelines.TwsitedpythonPipeline': 300,
}
FILES_URLS_FIELD = 'file_urls'  # 在 items.py 中配置的爬取的文件地址
project_dir = os.path.dirname(os.path.abspath(__file__))   # 获取绝对地址
FILES_STORE = os.path.join(project_dir, 'files') # 组装新的文件路径，设置文件
                                       # 存储目录 files 文件夹
```

（6）在 twsitedPython 目录下新建 main.py，方便运行爬虫，代码如下。

```python
from scrapy.cmdline import execute
import sys
import os
def start_scrapy():
    sys.path.append(os.path.dirname(__file__))
    execute(["scrapy", "crawl", "pytnonmsg"])
if __name__ == '__main__':
    start_scrapy()
```

（7）运行 main.py，然后在 twsitedPython/files 文件夹下，可以看到已经下载了文件，如图 5.17 所示。

图 5.17　存放下载文件的文件夹

5.8 如何部署爬虫

本节将讲述如何将爬虫部署到生产环境中。Scrapy 官方提供了爬虫管理工具 Scrapyd 来方便地部署爬虫。为什么要使用 Scrapyd？因为使用它，可以方便地运用 JSON API 来部署爬虫、控制爬虫及查看运行日志。当运行 Scrapyd 服务时，Scrapyd 会以守护进程的形式来监听爬虫的运行和请求，然后根据输入的命令启动进程来执行爬虫程序。

可以通过以下步骤来安装部署爬虫，并在服务器端启动 Scrapyd。

（1）在 CMD 命令行窗口中，先定位到爬虫项目，然后输入命令"pip install scrapyd"，安装 Scrapyd。

（2）Scrapyd 安装成功后输入"scrapyd"，启动后的 Scrapyd 如图 5.18 所示。

图 5.18　Scrapyd 启动成功窗口

（3）由于 Scrapyd 是运行在服务器端，而 scrapyd-client 是运行在客户端。客户端是使用 scrapyd-client 通过调用 Scrapyd 的 JSON 接口来部署爬虫项目。所以，需要输入命令"pip install scrapyd-client"来安装 scrapyd-client。

（4）scrapyd-client 安装成功后，到爬虫项目下修改 scrapy.cfg 文件，代码如下。

```
[settings]
default = twsitedPython.settings  # 默认使用 twsitedPython 的配置
[deploy:twisted]  # 为服务器指定的一个名称，这里指定为 twisted
url = http://localhost:6800/  # 部署项目的服务器地址，现在把项目部署到本地，
                              # 如果部署到其他机器上就需要更改 IP
project = twsitedPython      # twsitedPython 为爬虫项目的名称
```

（5）安装好 scrapyd-client，它会在 Python 运行的目录下生成一个 scrapyd-deploy 文件。在 Windows 系统中，由于这个文件没有扩展名，因此 Windows 系统不会运行它，这就需要再新建一个同名的 Bat 文件：scrapyd-deploy.bat。打开此文件，输入命令使 scrapyd-client 能够运行，示例代码如下。

```
"C:\Users\Administrator\AppData\Local\Programs\Python\Python37\python.exe"
"C:\Users\Administrator\AppData\Local\Programs\Python\Python37\Scripts\
  scrapyd-deploy" %1 %2 %3 %4 %5 %6 %7 %8 %9
```

（6）在爬虫根目录下，以上面的爬虫程序部署为例，执行的命令如下。

```
scrapyd-deploy twisted -p twsitedPython
```

其中，twisted 为第（4）步在配置文件中配置的服务器名称，twsitedPython 为项目名称。部署操作会打包当前项目，如果当前项目下有 setup.py 文件，就会使用它当中的配置，如果没有就会自动创建一个，运行的结果如图 5.19 所示。

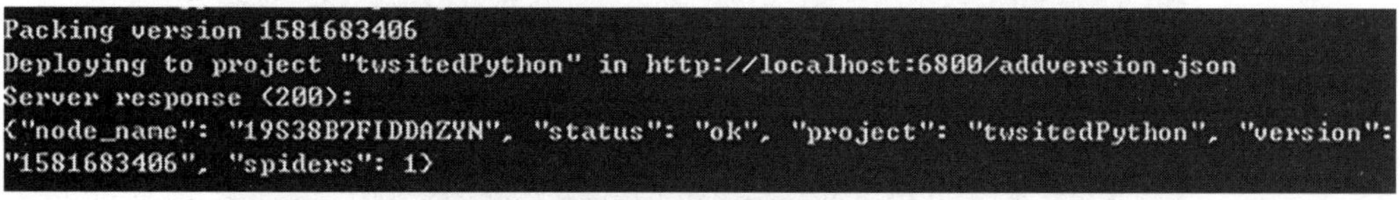

图 5.19　爬虫项目部署结果

从返回的结果中，可以看到部署的状态（200）、项目名称（twsitedPython）、版本号（1581683406）、爬虫个数（1），以及当前的主机名称（19S38B7FIDDAZYN）。

（7）Scrapyd 的 Web 界面（地址为 http://127.0.0.1：6800）主要用于监控，所有的调度工作全部依靠 API 接口来实现。官方推荐使用 curl 来管理爬虫。Windows 系统用户可以到 curl 官网下载 curl 安装包进行安装。Linux/Mac 系统用户直接使用命令行进行安装。

（8）在项目根目录下，通过调用 API 接口，运行命令"curl http://localhost:6800/schedule.json -d project= 爬虫项目名称 -d spider= 项目中某一个爬虫名称"来开启爬虫。根据上面的爬虫项目，要开启它，具体代码如下。

```
curl http://localhost:6800/schedule.json -d project=twsitedPython -d
spider=pytnonmsg
```

在 Web 浏览器（http://127.0.0.1：6800/jobs）开启的爬虫项目如图 5.20 所示。

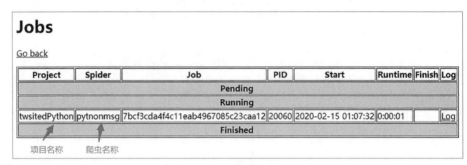

图 5.20　开启的爬虫项目

（9）如果需要列出爬虫项目，则运行命令"curl http://localhost:6800/listprojects.json"，结果如图5.21所示。

```
C:\Users\Administrator
λ curl http://localhost:6800/listprojects.json
{"node_name": "19S38B7FIDDAZYN", "status": "ok", "projects":
["twsitedPython", "default"]}

C:\Users\Administrator
λ |
```

图 5.21　显示爬虫项目

（10）如果需要列出该爬虫项目的版本信息（versions），则运行命令"curl http://localhost:6800/
listversions.json?project=twsitedPython"，结果如图 5.22 所示。

```
C:\Users\Administrator
λ curl http://localhost:6800/listversions.json?project=twsit
edPython
{"node_name": "19S38B7FIDDAZYN", "status": "ok", "versions":
["1581700043"]}

C:\Users\Administrator
λ ..\
```

图 5.22　爬虫项目的版本信息

（11）如果需要删除爬虫项目，则运行命令"curl http://localhost:6800/delproject.json -d project=
twsitedPython"，结果如图 5.23 所示。

```
C:\Users\Administrator
λ curl http://localhost:6800/delproject.json -d project=twsi
tedPython
{"node_name": "19S38B7FIDDAZYN", "status": "ok"}

C:\Users\Administrator
λ |
```

图 5.23　删除爬虫项目

5.9 计划定时爬取

如果想要定时启动爬虫项目，最好是把程序放在 Linux 服务器上运行，毕竟 Linux 可以不用关机，即定时任务可以一直存活。

在 4.8 节中介绍了在 Scrapy 中用于定时任务的方法，可以使用 Python 源生的 sched 库来实现。下面再介绍一个定时器 crontab，它经常用于 Linux 和 UNIX 系统之中，作为定时器周期性地去执行指定的系统指令或 Shell 脚本，crontab 的命令格式如图 5.24 所示。

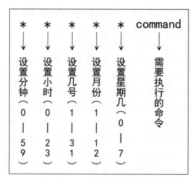

图 5.24　crontab 的命令格式

如何去应用定时器，下面通过一个实例来演示。例如，每天 8 点定时运行 Scrapy 项目。具体步骤如下。

（1）先把 Scrapy 项目上传到 Linux 服务器，如上传到 /root/project/ 文件夹下。

（2）输入命令 "crontab -e"，如果报 command not found 错误，则表明没有安装 crontab。

（3）如果没有安装 crontab，则需要输入命令 "yum install crontabs" 进行安装。

（4）查看 crontab 服务状态，输入命令 "service crond status"，也可查看是否安装成功。

（5）启动 crontab，输入命令 "service crond start"。

（6）创建 Shell 脚本文件：twsited.sh，代码如下。

```
export PATH = $PATH:/usr/local/bin
# 跳转至 Scrapy 项目目录
cd /root/project/twsitedPython
# 后台运行抓取，并将日志输出到 twsited.log 文件
nohup scrapy crawl pytnonmsg >> logs/twsited.log 2>&1 &
```

（7）创建定时器，输入命令 "crontab -e"，代码如下。

```
# 每天 8 点定时运行 Scrapy 项目
00 08 * * * sh /root/project/cron/twsited.sh
```

（8）使用命令"crontab -1"，查看是否已经创建了上面的定时器任务。

5.10 本章小结

本章讲述了如下的知识点。

（1）阐述了 Scrapy 的性能，通过 Telnet 终端监听当前的爬虫，输入 est() 的命令来查看当前爬虫的状态。可以根据当前爬虫的状态来提高 Scrapy 的性能，提出了几点建议和方法。

（2）通过爬取博客园的新闻网页的实例，来演示 Spider 的文件中如何编写抓取网站的链接配置、抓取逻辑和解析逻辑。

（3）介绍了 Scrapy 提供的 Item 类，用来声明爬取数据的数据结构，从 Spider 爬取获得之后的数据会被送到 ItemPipeline，ItemPipeline 的定义放在 Scrapy 的 pipelines.py 中。ItemPipeline 是处理数据的组件，它们接收 Item 参数并在其上处理接收到的数据。

（4）介绍了 Scrapy 数据存储在 MySQL 数据库的两种方法：同步存储（数据量小时采用）和异步存储（数据量大时采用）。

（5）为了避开一些网站的误伤，介绍了 Scrapy 集成随机 User-Agent 和代理 IP 的方法和实例。

（6）对于如何突破一些网站的反爬技术，介绍了 6 种方法。

（7）除能在网页中提取文字信息外，也能通过 Scrapy 专门提供的图片管道（ImagesPipeline）进行图片下载。由于文件下载在爬虫中经常会应用到，因此 Scrapy 提供了文件管道（FilesPipeline）用于文件的下载。图片下载和文件下载的功能如何在 Scrapy 中使用，本章通过实例进行了演示。

（8）Scrapy 官方提供了爬虫管理工具 Scrapyd 来方便地将爬虫部署到生产环境中，本章详细说明了具体操作步骤。

（9）对于想要定时启动爬虫项目，本章介绍了在 Linux 服务器中如何使用定时器 crontab，周期性地去执行指定的系统指令或 Shell 脚本。

第6章

实战项目：Scrapy 静态
网页的爬取

静态网页是一次性写好放在服务器上进行浏览的 HTML 网页，这种网页的内容是固定的。如果想改动或添加网页内容，需要从网站后台编辑好，再上传到服务器进行更新。本章选择了科技博客的 IT 技术栏目，这个属于静态网页。下面对它进行 IT 技术文章第一页的文章信息的爬取，来了解 Scrapy 是如何根据需求爬取静态网页的。

6.1 采集需求及网页分析

科技博客的 IT 技术栏目的页面如图 6.1 所示，网址为 http://www.leibotech.com/itjs/，每一页显示 20 条 IT 技术文章。

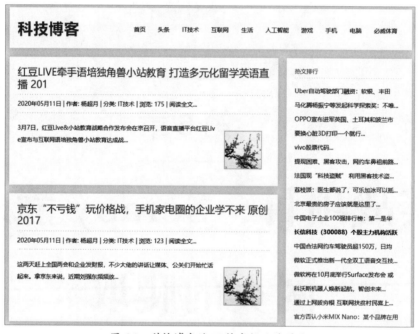

图 6.1　科技博客的 IT 技术栏目的页面

单击其中一条 IT 技术文章的标题，它会跳转到对应文章的详情页，整篇文章的内容会在详情页全部展示。例如，单击图 6.1 中第一条文章的标题，它会跳转到其详情页，如图 6.2 所示。

本项目使用 Scrapy 的网络爬虫技术，将第一页的所有文章详情保存到 MySQL 数据库，并导出数据到 Excel，对其中的数据用图表形式展示。爬取的字段有文章 id、文章标题、发表时间、浏览量和文章内容。

结合页面的特点，再通过 Chrome 浏览器的"开发者工具"（按"F12"键），就可以看到网页的源代码。提取所需字段的方法见第 5 章。

图 6.2　文章详情页

6.2　数据表的设计

为了将第一页的所有文章详情保存到 MySQL 数据库，需要进行数据表的设计，并在 Scrapy 中配置 MySQL 数据库信息。

打开本地的 MySQL 数据库，新建一个名为 boke 的数据库，在 boke 数据库中新建 news 数据表，并在 news 数据表中新建 titleid、title、url、datetime、hits、content 字段，字段格式如图 6.3 所示。

名称	类型	空	默认值	属性
索引 (1)				
主索引　Id				unique
字段 (7)				
Id	int(11)	否	\<auto_increment\>	
titleid	varchar(100)	否		
title	varchar(500)	否		
url	varchar(300)	否		
datetime	varchar(255)	否		
hits	int(11)	是	\<空\>	
content	longtext	是		

图 6.3　news 数据表中字段格式

6.3　获取和解析列表、详情页

数据表设计好以后，就可以通过 Scrapy 获取和解析文章的数据了。

首先获取科技博客 IT 技术的列表页的文章链接地址，通过链接地址可以跳转到文章详情页获取所需的数据。基本的操作步骤如下。

（1）创建一个项目，项目名称为 boke，代码如下。

```
Scrapy startproject boke
```

（2）定位到 boke 文件夹，在 boke 项目下创建名为 news 的爬虫，代码如下。

```
Scrapy genspider news www.leibotech.com/itjs/
```

（3）使用 Item 封装数据：打开项目 boke 中的 items.py 源文件，添加文章字段，实现代码如下。

```
import scrapy
class BokeItem(scrapy.Item):
    titleid = scrapy.Field()      # 文章 id
    title = scrapy.Field()        # 文章标题
    url = scrapy.Field()          # 文章链接地址
    datetime = scrapy.Field()     # 发表时间
    hits = scrapy.Field()         # 浏览量
    content = scrapy.Field()      # 文章内容
```

（4）在 Spider 文件中定义 Spider 类，获取和解析列表、详情页，代码如下。

```
import scrapy
import re
from boke.items import BokeItem
from urllib import parse
from scrapy import Request

class NewsSpider(scrapy.Spider):
    name = 'news'
    allowed_domains = ['www.leibotech.com']
    start_urls = ['http://www.leibotech.com/itjs/']
    def parse(self, response):
        # 获取文章列表
        blog_list = response.xpath('//*[@id="main"]//div[@class="entry clearfix"]')
        for i_blog in blog_list:
            # 获取文章详情的 URL
            url = i_blog.xpath('.//h1/a/@href').extract_first("")
            post_url = str(url)
            details_url = parse.urljoin('http://www.leibotech.com', post_url)
            yield Request(url=details_url, callback=self.parse_detail)

    def parse_detail(self, response):
        # 通过正则表达式提取文章 id
        martch_re = re.match(".*?(\d+)", response.url)
        # 将 item 文件导进来
        boke_item = BokeItem()
        if martch_re:
            post_id = martch_re.group(1)
            boke_item['titleid'] = post_id
```

```
# 提取文章标题
boke_item['title'] = response.xpath('//*[@class="entry clearfix"]/
   h1/a/text()').extract_first("")
boke_item['url'] = response.url
# 提取发表时间
date = response.xpath('//*[@class="entry clearfix"]//div[@class=
   "post-meta"]').extract_first("")
# 通过正则表达式格式化日期
pattern = re.compile(r'\d{4}-\d{2}-\d{2}\s\d{2}:\d{2}:\d{2}')
riqi = pattern.findall(date)
boke_item['datetime'] = riqi[0]
# 用正则表达式获取浏览量
martch_re = re.compile(r"浏览:\s\d+")
hh = martch_re.findall(date)
hits = re.findall('\d+', hh[0])
boke_item['hits'] = hits[0]
# 获取文章内容
content = response.xpath('//*[@class="entry clearfix"]//div[@class=
   "entry-content"]').extract_first("")
boke_item['content'] = content
yield boke_item
```

6.4 数据存储

本节将介绍如何把 6.3 节获取到的数据保存到 MySQL 数据库中。

在 boke 文件夹下，打开 pipelines.py，输入以下代码。

```
import MySQLdb
   # 链接 MySQL 数据库
   class MysqlNewsPipeline(object):
       def __init__(self):
           self.conn = MySQLdb.connect("localhost", "root", "root", "boke",
                                       charset="utf8", use_unicode=True)
           self.cursor = self.conn.cursor()
       def process_item(self, item, spider):
           # 使用 SQL insert 语句
           insert_sql = """
               insert into news(titleid, title, content, url, datetime, hits)
                  values(%s, %s, %s, %s, %s, %s)
           """
           params = list()
```

```
params.append(item.get("titleid", ""))
params.append(item.get("title", ""))
params.append(item.get("content", ""))
params.append(item.get("url", ""))
params.append(item.get("datetime", ""))
params.append(item.get("hits", 0))
# 把数据插入数据表
self.cursor.execute(insert_sql, tuple(params))
self.conn.commit()
return item
```

在 settings.py 中启用 MySQL 数据管道，代码如下。

```
ITEM_PIPELINES = {
    'boke.pipelines.MysqlNewsPipeline': 1,
}
```

在 main.py 中运行爬虫程序，代码如下。

```
from scrapy.cmdline import execute
import sys
import os
def start_scrapy():
    sys.path.append(os.path.dirname(os.path.abspath(__file__)))
    # 定义运行爬虫命令
    execute(["scrapy", "crawl", "news"])
if __name__ == '__main__':
    # 运行爬虫
    start_scrapy()
```

结果如图 6.4 所示。

Id	titleid	title	url	datetime	hits	content
1	80244	VR技术推动产业转型升级	http://www.leibotech.com/itjs/80244.html	2020-02-16 17:16:38	123	<MEMO>
2	80005	5G将给教育带来的新变革	http://www.leibotech.com/itjs/80005.html	2020-02-16 08:05:10	95	<MEMO>
3	80030	超500万送餐员穿梭街头 80后90后担当外卖小哥主力	http://www.leibotech.com/itjs/80030.html	2020-02-16 09:08:52	101	<MEMO>
4	80004	5G时代的智慧城市不是梦想	http://www.leibotech.com/itjs/80004.html	2020-02-16 08:04:43	164	<MEMO>
5	80032	提高防范意识 人脸识别应用须保障用户信息安全	http://www.leibotech.com/itjs/80032.html	2020-02-16 09:10:30	74	<MEMO>
6	80056	推动工业互联网平台更好发展正逢其时	http://www.leibotech.com/itjs/80056.html	2020-02-16 10:09:05	147	<MEMO>
7	80058	时隔7年, 阿里巴巴重回港股 总市值超4万亿	http://www.leibotech.com/itjs/80058.html	2020-02-16 10:10:43	117	<MEMO>
8	80082	加快直播带货法治化监管建设力度, 提高违法直播带货成	http://www.leibotech.com/itjs/80082.html	2020-02-16 11:09:16	194	<MEMO>
9	80084	互联网巨头争相卖菜, 为哪般？	http://www.leibotech.com/itjs/80084.html	2020-02-16 11:10:57	90	<MEMO>
10	80108	虚拟网络影编串联传统文化碰撞新"火花"	http://www.leibotech.com/itjs/80108.html	2020-02-16 12:09:21	196	<MEMO>
11	80112	县长直播卖农货 互联网+扶贫"助农增收	http://www.leibotech.com/itjs/80112.html	2020-02-16 12:15:17	156	<MEMO>
12	80134	数字阅读发展将驶入"快速路" 中国数字阅读市场规模达25	http://www.leibotech.com/itjs/80134.html	2020-02-16 13:09:22	131	<MEMO>
13	80138	快讯! 中国视频会议自主产业链构建完成	http://www.leibotech.com/itjs/80138.html	2020-02-16 13:15:31	60	<MEMO>
14	80161	小米2019年前三季度净利润总计92亿元, 已超去年全年	http://www.leibotech.com/itjs/80161.html	2020-02-16 14:09:32	148	<MEMO>
15	80165	小米第三季度营收创新高 明年推10款以上5G手机	http://www.leibotech.com/itjs/80165.html	2020-02-16 14:15:43	135	<MEMO>
16	80188	OPPO正式发布ColorOS 7 设计师讲述"无边界"设计理念	http://www.leibotech.com/itjs/80188.html	2020-02-16 15:09:43	116	<MEMO>
17	80192	家电新品牌Jya将以高端小家电为主打产品拓进家电市场	http://www.leibotech.com/itjs/80192.html	2020-02-16 15:15:43	95	<MEMO>
18	80214	阿里巴巴在香港上市 全天股价维持在187港元左右	http://www.leibotech.com/itjs/80214.html	2020-02-16 16:10:00	135	<MEMO>
19	80218	网银在线收到近3000万元大额罚单	http://www.leibotech.com/itjs/80218.html	2020-02-16 16:15:57	174	<MEMO>
20	80240	交通运输部提出四点要求 顺风车应对每日每车合乘数量作	http://www.leibotech.com/itjs/80240.html	2020-02-16 17:10:03	163	<MEMO>

图 6.4　保存到 news 数据表的数据

6.5 数据的导出和展示

本节将介绍如何把数据从 MySQL 数据库中导出，并在 Excel 中选择一些字段的数据用图表形式展示。

打开 MySQL 数据库，右击 news 数据表，在弹出的快捷菜单中选择"输出"→"Ms excel 文件"选项，导出为 Excel 文件，如图 6.5 所示。

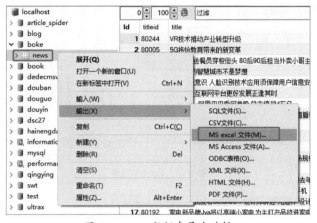

图 6.5　news 数据表导出选择

在弹出的界面中输入要保存的 Excel 文件名及位置，单击"保存"按钮。在下一个界面中，可以输入在 Excel 中展示的对应的自定义字段名。最后单击"运行"按钮，如图 6.6 所示。

图 6.6　自定义字段名

在保存 Excel 文件的位置，打开之前保存的 news 数据表文件。选择发表时间和浏览量两个字段的所有数据，单击"插入"选项卡"图表"组中的"柱形图"按钮，选择"堆积柱形图"选项，如图 6.7 所示。

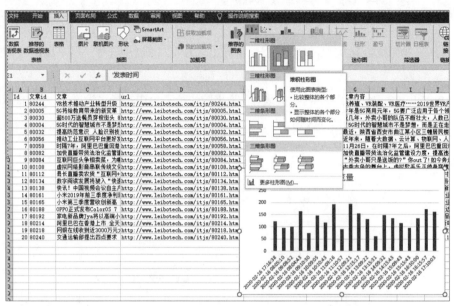

图 6.7　堆积柱形图

这样，数据图表的展示就完成了，结果如图 6.8 所示。

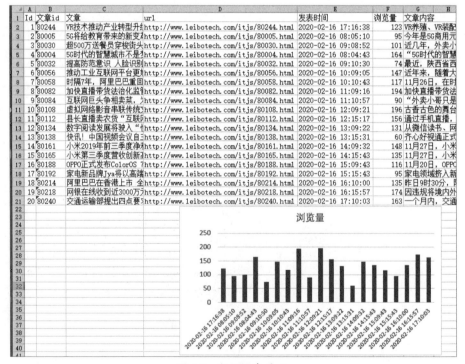

图 6.8　数据图表展示

至此，本项目所有的功能全部实现。

6.6 本章小结

本章实现了 Scrapy 爬取静态网页的一个典型案例：爬取科技博客的 IT 技术文章的列表页和详情页。并且把数据保存到 MySQL 数据库，然后导出为 Excel 文件。在 Excel 文件中用图表的形式展示所需的数据。

第 7 章

实战项目：Scrapy 动态
网页的爬取

在第 6 章中，我们掌握了 Scrapy 静态网页的分析和抓取方法，并且成功抓取了科技博客 IT 技术的文章。但是，在爬取知乎、今日头条、1 号店、淘宝、美团时，虽然在浏览器中能够看到自己所需的数据，但是却怎么都获取不到。这是因为我们只是获取到了原始的 HTML 文档，而其中的一些数据是需要通过网页脚本语言（如 PHP、ASP、JSP 等）与数据库连接访问和查询，然后统一加载后才能呈现的，这样的网页就称为动态网页。本章将会通过实战项目：爬取今日头条的科技新闻信息，来学习动态网页的爬取方法。

7.1 采集需求及网页分析

今日头条是一款基于数据挖掘的推荐引擎产品，它会根据用户的喜好和习惯为用户推荐感兴趣的文章和产品。本项目是实现爬取今日头条的科技新闻的页面，如图 7.1 所示。

图 7.1　今日头条的科技新闻的页面

页面上默认显示 10 条科技新闻，如果单击页面中间的刷新，它会重新加载 10 条科技新闻。所以，如果想要查看更多的科技新闻，就必须不断地刷新页面。本项目会使用爬虫技术，将尽可能多的科技新闻爬取下来保存到 MongoDB 数据库。爬取的字段有新闻标题、新闻发表时间、新闻详情页链接、评论数和新闻来源。

通过 Chrome 浏览器的"开发者工具"，可以看出科技新闻的内容是动态加载的。当页面拉到底部时，今日头条都会通过 API 去调用一次接口，加载一批新闻的内容。由于 API 接口复杂且具有时效性，因此使用简单高效的 Selenium 是最佳的选择。Selenium 是一个用于 Web 应用程序测试的工具。它可以直接运行在浏览器上，支持所有主流的浏览器（包括 Headerless Browser 这些无界面的浏览器）。Selenium 能模仿人按指定的命令在浏览器页面中进行一系列操作，如打开浏览器、输入数据、下拉页面等键盘和鼠标操作。本项目会选择 Headerless Browser 无界面的浏览器，原因是 Selenium 支持 Headerless Browser，而且在运行时不会再弹出一个浏览器。Headerless Browser 的运行效率也很高，还支持各种参数配置，使用起来非常方便。

7.2 Selenium 的安装和使用

本节将介绍 Selenium 的安装及其基本使用语法。

Selenium 在 Windows 系统中的安装步骤如下。

（1）在 CMD 命令行窗口中，输入命令"pip install selenium"，安装 Selenium。

（2）输入命令"pip show selenium"，查看是否安装成功，如果显示如图 7.2 所示的信息，则表示 Selenium 安装成功。

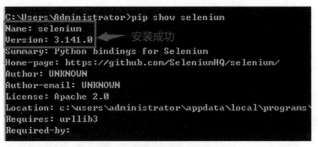

图 7.2　Selenium 安装成功

Selenium 的基本使用语法如下。

（1）声明浏览器对象：Selenium 支持多个浏览器，也支持手机端的浏览器，下面是声明一个谷歌浏览器对象的代码。

```
# 导入 webdriver 模块
from selenium import webdriver
# 声明 Chrome 浏览器对象
brower = webdriver.Chrome(executable_path=" 输入 chromedriver.exe 在本地的地址 ")
```

谷歌浏览器的驱动程序为 chromedriver.exe。以此类推，可以得到其他浏览器对象的代码。

（2）访问页面获取页面代码：使用 Browser 的 get() 方法在浏览器中打开一个链接，并使用 Browser 的 page_source 获取该网页的 HTML 代码，然后就可以使用正则表达式、CSS、XPath、BS4 来解析网页，代码如下。

```
# 使用 get() 方法请求头条网页
browser.get('https://www.toutiao.com')
# 打印获取到的网页的源代码
```

```
print(browser.page_source)
# 关闭浏览器
browser.close()
```

（3）定位元素：当获取到 HTML 代码以后，就可以定位到 HTML 中的各个元素，以便提取文本数据或对该元素进行输入、清除、单击等操作。WebDriver 提供了很多方法来查找页面中的节点。它查找单个节点，返回的结果是 WebElement 类型；查找多个节点，返回的结果是列表类型，具体方法如下。

① browser.find_element_by_id()：通过 id 来查找定位元素。

② browser.find_element_by_name()：通过 name 来查找定位元素。

③ browser.find_element_by_xpath()：通过 XPath 选择器来查找定位元素。

④ browser.find_element_by_tag_name()：通过标签名来查找定位元素。

⑤ browser.find_element_by_link_text()：通过 link 的文本（完全匹配）查找定位元素。

⑥ browser.find_element_by_class_name()：通过 class_name 来查找定位元素。

⑦ browser.find_element_by_css_selector()：通过 CSS 选择器来查找定位元素。

⑧ browser.find_element_by_partial_link_text()：通过 link 的文本（部分匹配）查找定位元素。

如果是查找多个节点，只需在 element 后面加 s 即可。

（4）页面交互：要对页面进行输入数据、清除数据、单击元素、移动鼠标等操作，需要导入 Keys 类，它能提供键盘按键的支持，如输入数据使用 send_keys() 方法，清除数据使用 clear() 方法。导入鼠标操作模块 mouse，就可以模拟鼠标的操作，如单击 click() 方法或移动 move() 方法等。

（5）利用 JavaScript 代码实现页面交互操作：访问网站时经常会碰到下拉页面才能看到更多内容，这时就需要操作鼠标滚动到底部让它加载更多的内容。所以，Selenium 就提供了 execute_script() 方法，用于执行 JavaScript 代码。

（6）等待页面加载完成：现今的网站经常使用 Ajax 技术动态加载页面，所以就导致当一个页面加载到浏览器时，该页面中的元素会在不同的时间点加载，也就是说，在打开页面时，网页的内容是从头到尾一点点呈现出来的，这时就需要等待一段时间才能看全网页的内容。因此，Selenium 就提供了等待和超时的相关方法，主要有以下 3 个。

①强制等待：在执行完某一操作时，强制等待一段时间，方法为 time.sleep()。

②隐式等待：当页面全部加载完毕才往下执行，若超出设定时间后则抛出异常，方法为 implicitly_wait()。

③显示等待：查看某个元素是否已经加载，如果加载了则立即往下执行，如果超时就报错，方法为 WebDriverWait()，再配合该类的 until() 方法就能灵活使用。

7.3 解析网页及代码的实现

本节将实现该项目的主要部分：下载及解析网页，并通过代码实现爬取数据。需要注意的是，在开始项目的编辑之前，要保证必要的环境：Selenium 和 Chrome.exe 都已经成功地安装搭建好。

本项目的具体步骤如下。

（1）创建 Scrapy 项目，名为 toutiao，代码如下。

```
scrapy startproject toutiao
```

（2）创建爬虫文件，名为 news，代码如下。

```
scrapy genspider news www.toutiao.com
```

（3）使用 Item 定义数据结构，打开项目 toutiao 中的 items.py 文件，代码如下。

```
import scrapy
class NewsItem(scrapy.Item):
    title = scrapy.Field()   # 新闻标题
    create_date = scrapy.Field()   # 新闻发表时间
    article_url = scrapy.Field()   # 新闻详情页链接
    pinglun = scrapy.Field()   # 评论数
    article_source = scrapy.Field()   # 新闻来源
```

（4）打开项目 toutiao 中 spiders 文件夹下的 news.py 文件，代码如下。

```
import scrapy
from selenium import webdriver
from scrapy import Request
from urllib import parse
# 导入 Item 模块
from news.items import ToutiaoItem
# 导入时间模块
import time
class NewsSpider(scrapy.Spider):
    # 定义爬虫名称
    name = 'news'
    allowed_domains = ['www.toutiao.com']
    start_urls = ['https://www.toutiao.com']
    # 数据解析方法
    def parse(self, response):
        # 设置浏览器的无界面状态
```

```
options = webdriver.ChromeOptions()
options.add_argument('headless')
# 启动 WebDrive
brower = webdriver.Chrome(executable_path="E:/Linda/python37/
    chromedriver.exe", chrome_options=options)
brower.get(response.url)
time.sleep(3)
brower.maximize_window()    # 最大化窗口
time.sleep(3)
brower.find_element_by_link_text('科技').click()
post_url = "/ch/news_tech/"
time.sleep(3)
# 下拉 3 次
for i in range(3):
    # 鼠标下拉，启用 Script
    brower.execute_script('window.scrollTo(0,1000)')
    i += 1
    print('下拉次数: ', i)
    time.sleep(5)
    brower.execute_script("window.scrollTo(0,document.body.
        scrollHeight-100);var lensOfPage=document.body.scrollHeight-
        100;return lensOfPage")
    time.sleep(5)
    yield Request(url=parse.urljoin(response.url, post_url), meta={
        "brower":brower}, callback=self.get_info)


# 获取新闻标题、新闻详情页链接、新闻来源、评论数、新闻发表时间并添加到列表中
def get_info(self, response):
    title_list = []
    toutiao_item = ToutiaoItem()
    # 声明浏览器对象
    brower = response.meta.get("brower", "")
    # 获取新闻标题
    titles = brower.find_elements_by_xpath('//div[@class="title-box"]/a')
    for title in titles:
        title_list.append(title.text)
    # 计算获取到所有新闻标题的条数
    lens = len(title_list)
    for i in range(lens):
        i += 1
        j = str(i)
        # 获取新闻详情页链接
        urls_num = brower.find_elements_by_xpath('//*[@class=
            "wcommonFeed"]//li['+j+']//div[@class="title-box"]/a')
```

```
for num in urls_num:
    url_num = num.get_attribute('href')
    toutiao_item['article_url'] = url_num
# 获取新闻来源
try:
    sources = brower.find_elements_by_xpath('//*[@class=
      "wcommonFeed"]//li['+j+']//a[@class="lbtn source"]')
    for source in sources:
        kk = source.text
        ss = kk.replace("  ", "")
        toutiao_item['article_source'] = ss
except:
    toutiao_item['article_source'] = ""
# 获取评论数
comments = brower.find_elements_by_xpath('//*[@class=
  "wcommonFeed"]//li['+j+']//a[@class="lbtn comment"]')
for comment in comments:
    toutiao_item['pinglun'] = comment.text
# 获取新闻发表时间
dates = brower.find_elements_by_xpath('//*[@class=
  "wcommonFeed"]//li['+j+']//span[@class="lbtn"]')
for times in dates:
    toutiao_item['create_date'] = times.text
# 获取新闻标题
titles2 = brower.find_elements_by_xpath('//*[@class=
  "wcommonFeed"]//li['+j+']//div[@class="title-box"]/a')
for title1 in titles2:
    toutiao_item['title'] = title1.text
# 抓取的数据上传到 toutiao_item
yield toutiao_item
```

7.4 数据的存储

本节将把 7.3 节爬取到的数据存入 MongoDB 数据库，并且运行爬虫项目。

在 Scrapy 中操作数据存储及运行项目的步骤如下。

（1）Pipeline 是用来处理抓取的 item 的管道，在项目 toutiao 的 pipelines.py 下，定制 Pipeline 组件，用来操作 MongoDB 数据库，代码如下。

```python
from news.items import ToutiaoItem
import pymongo
from news.settings import mongo_host, mongo_port, mongo_db_name, mongo_db_collection
class NewsPipeline(object):
    def __init__(self):
        # 定义 MongoDB 的链接
        host = mongo_host
        port = mongo_port
        dbname = mongo_db_name
        dbcollection = mongo_db_collection
        # 获取 MongoDB 的链接
        client = pymongo.MongoClient(host=host, port=port)
        mydb = client[dbname]
        self.post = mydb[dbcollection]
    def process_item(self, item, spider):
        # 数据的插入，data 转换成字典（dict）
        if isinstance(item, ToutiaoItem):
            data = dict(item)
            self.post.insert(data)
        return item
```

（2）在项目 toutiao 的 settings.py 下，使用组件 NewsPipeline，代码如下。

```python
ITEM_PIPELINES = {
    'news.pipelines.NewsPipeline': 300,
}
```

（3）在项目 toutiao 中新建 main.py 运行爬虫，代码如下。

```python
from scrapy.cmdline import import execute    # 导入 cmd 模块
# 导入系统模块
import sys
import os
def start_scrapy():
    sys.path.append(os.path.dirname(os.path.abspath(__file__)))
    # 定义运行爬虫命令
    execute(["scrapy", "crawl", "news"])
if __name__ == '__main__':
    start_scrapy()
```

（4）在 PyCharm 中选择"main.py"并运行，运行完成后，在 MongoDB 数据库中选择 news 数据表，显示获取到了 50 条数据，如图 7.3 所示。

图 7.3 news 数据表显示

7.5 数据的导出

数据导出为 CSV 数据文件有 3 种方式：MySQL 数据库数据的导出、MongoDB 数据库数据的导出和 Scrapy 直接导出。MySQL 数据库数据的导出在第 6 章中已经做了介绍。本节将介绍 MongoDB 数据库数据的导出和 Scrapy 直接导出的详细方法。

1. MongoDB 数据库数据的导出

使用 MongoDB 自带的 mongoexport.exe 工具导出 CSV 数据文件，它的关键参数说明如下。

① -h, --host：代表远程连接的数据库地址，默认连接本地 MongoDB 数据库。

② --port：代表远程连接的数据库的端口，默认连接的远程端口为 27017。

③ -u, --username：代表连接远程数据库的账号，如果设置数据库的认证，则需要指定用户账号。

④ -p, --password：代表连接数据库的账号对应的密码。

⑤ -d, --db：代表连接的数据库。

⑥ -c, --collection：代表连接数据库中的集合。

⑦ -f, --fields：代表集合中的字段，可以根据设置选择导出的字段。

⑧ --type：代表导出输出的文件类型，包括 CSV 和 JSON 文件。

⑨ -o, --out：代表导出的文件名。

⑩ -q, --query：代表查询条件。

⑪ --skip：跳过指定数量的数据。

⑫ --limit：读取指定数量的数据记录。

⑬ --sort：通过参数指定排序的字段。

从 MongoDB 导出 CSV 数据文件的操作步骤如下。

（1）找到 mongoexport 所在文件夹，在 MongoDB 的安装目录 bin 文件夹下，复制其目录位置。

（2）打开 CMD 命令行窗口，进入 MongoDB 的安装目录 bin 文件夹。根据 mongoexport 的一些参数，在本项目中输入命令导出文件名为 news_mongodb.csv 的文件，代码如下。

```
mongoexport -d toutiao -c news --csv -f title, article_url, article_
source, pinglun, create_date -o E:\ \toutiao\toutiao\news_mongodb.csv
```

其中，"d"指的是 MongoDB 数据库，"c"指的是数据库集合（也就是数据库表），"f"指的是域（也就是要导出的数据字段），"o"指的是 CSV 文件的输出路径。

（3）用 Notepad++ 打开输出的 CSV 文件，将编码格式修改为 UTF-8-BOM，如图 7.4 所示。因为用 Excel 直接打开会出现乱码，所以需要把编码格式转换一下。

图 7.4　Notepad++ 数据显示

2. Scrapy 直接导出

（1）在项目 toutiao 的 pipelines.py 下，定制 Pipeline 组件，用来导出 news.csv 文件，代码如下。

```python
from scrapy.exporters import CsvItemExporter  # 导入 csv 模块
# 保存数据到 news.csv 文件
class CsvNewsPipeline(object):
    def __init__(self):
        # 新建 news.csv 文件，定义能够写入数据
        self.file = open("news.csv", 'wb')
        # 定义保存的字段
        self.exporter = CsvItemExporter(self.file, fields_to_export=['title',
            'content', "create_date", 'front_image_url'])
        self.exporter.start_exporting()
    # 从 item 存入数据
    def process_item(self, item, spider):
        self.exporter.export_item(item)
        return item
    # 关闭 news.csv 数据文件
    def spider_closed(self, spider):
        self.exporter.finish_exporting()
        self.file.close()
```

（2）在项目 toutiao 的 settings.py 下，启动组件 CsvNewsPipeline，代码如下。

```python
ITEM_PIPELINES = {
    'news.pipelines.CsvNewsPipeline': 1,
    'news.pipelines.NewsPipeline': 300,
}
```

（3）爬虫运行后，在爬虫文件夹下打开 news.csv 文件，显示导出了 50 条数据，如图 7.5 所示。

	A	B	C	D	E
27	离婚后索要40亿？是各自飞还是	https://www.toutiao.com/group/6792	南都娱乐周刊	93评论·	2小时前
28	从3199跌至2099，华为拍照旗舰	https://www.toutiao.com/group/6792	书之影数码	47评论·	2小时前
29	界读丨中国最大芯片公司：202(	https://www.toutiao.com/group/6792	欧界科技	41评论·	3小时前
30	华为P30Pro：恭喜你	https://www.toutiao.com/group/6794	黑评	8评论·	3小时前
31	华为太良心，799起+5000mAh，	https://www.toutiao.com/group/6792	互联网的那点事er	20评论·	3小时前
32	iPhone12高调曝光，iPhone11买	https://www.toutiao.com/group/6792	畅谈科技吧	4评论·	3小时前
33	如何能把手机变成体温计？这个	https://www.toutiao.com/group/6790	悟空问答	17评论·	3小时前
34	直到今天，终于明白了，为什么	https://www.toutiao.com/group/6791	春公子	131评论·	3小时前
35	拆开特斯拉底盘，看到7千节"5	https://www.toutiao.com/group/6794	二三里资讯杭州	93评论·	3小时前
36	目前公认最经典的4款手机，每	https://www.toutiao.com/group/6787	互联网的那点事er	38评论·	3小时前
37	手机如何连接电视机？	https://www.toutiao.com/group/6758	悟空问答	658评论·	3小时前
38	穷玩车 富玩表？机械手表正在	https://www.toutiao.com/group/6790	科技微动力	35评论·	3小时前
39	4年前花80万买的特斯拉，现在	https://www.toutiao.com/group/6791	唐大本事	144评论·	3小时前
40	取快递都是免费的，快递驿站为	https://www.toutiao.com/group/6776	富丰财经	1374评论·	3小时前
41	不用计算器怎么开平方！徒手也	https://www.toutiao.com/group/6794	机器之心Pro	104评论·	4小时前
42	2020年微信新功能出现！网友：	https://www.toutiao.com/group/6792	灵鸟科技	3评论·	4小时前
43	马斯克：新一代太阳能屋顶即将	https://www.toutiao.com/group/6794	手机中国	6评论·	4小时前
44	想给女儿换个手机，华为mate2	https://www.toutiao.com/group/6696	悟空问答	39评论·	4小时前
45	字节跳动公司旗下到底有哪些产	https://www.toutiao.com/group/6793	长龙杂谈	214评论·	4小时前
46	微信长按2秒，四大隐藏功能，	https://www.toutiao.com/group/6787	阿亮聊科技	9评论·	4小时前
47	字节跳动面试题：如何向盲人描	https://www.toutiao.com/group/6765	人人都是产品经理	857评论·	4小时前
48	用酒精擦手机屏幕好吗？	https://www.toutiao.com/group/6786	悟空问答	18评论·	4小时前
49	"手机盲"就选小米，半懂选OV，	https://www.toutiao.com/group/6794	魔术大爆炸	11评论·	4小时前
50	Google地球变身Google宇宙	https://www.toutiao.com/group/6778	e来趣客	53评论·	4小时前

图 7.5　生成的 news.csv 文件

7.6 本章小结

本章介绍了如何获取动态页面数据的工具：Selenium 和 Headerless Browser（无头的浏览器）。Selenium 是自动化的测试工具，能模拟人操作各种浏览器。但是，它需要结合各种浏览器的驱动程序才能使用。Headerless Browser（无头的浏览器）是浏览器的无界面状态，可以在不打开浏览器 GUI（图形用户界面）的情况下，使用浏览器支持的性能，它可以加快页面加载和渲染的速度。

本章实现了爬取今日头条科技新闻的综合案例，使用 Scrapy + Selenium + Headerless Browser 的技术来实现。此外，还介绍了数据是如何导出为 CSV 文件，方便数据用图表形式展示。

第 8 章

实战项目：Scrapy 爬取

App 应用数据

平时的爬虫大多数是针对网页的，但是随着手机端 App 应用数量的增多，相应的爬取需求也就越来越多，所以本章将讲解手机端 App 的数据爬取的知识。网页爬取时我们经常会使用开发者工具来帮助分析浏览器元素及行为。对于手机的 App，我们可以使用 Fiddler 来分析。本章将介绍如何搭建开发环境、抓包工具 Fiddler 的使用、移动自动化工具 Ui Automator Viewer 的使用、Appium Desktop 工具的录制功能。最后介绍两个经典的实战项目，以帮助读者巩固加强学到的知识。

8.1 搭建开发环境

本节将介绍夜神模拟器及其安装、设置和使用，抓包工具 Fiddler 及其使用，移动端自动化测试工具 Appium 的环境搭建，多任务抓取系统 Docker 的安装及运行命令。

1. 夜神模拟器及其在 Windows 系统中的安装

当手机连接计算机进行 App 的数据抓取时会有一定的风险，例如，在抓取 App 数据之前为了创建一个干净的 App 抓取环境，可能要进行刷机到一个合适的版本，需要格式化，一旦操作不小心，手机可能会成为板机。但在计算机中直接使用 Android 模拟器可以随意地创建各种版本的 Android 系统，甚至可以定制，例如，定制小米的 Android 系统。所以，用 Android 模拟器更加的方便，性价比也会更高。

如今热门的 Android 模拟器有 Genymotion、BlueStacks 和夜神模拟器。Genymotion 来自于 AndroVM 这个开源项目，基于 x86 和 VirtualBox，支持 OpenGL 加速，有多种 Android 系统版本和设备类型供选择，能模拟手机的旋转、充电情况、GPS 数据等物理数据，可以用于 Mac/Windows/Linux 系统。但 Genymotion 容易出现无法启动的问题，不支持 ARM Library。BlueStacks 虽然不容易出现无法启动的问题，也支持 ARM Library，但不足之处也是明显的：流畅度不如 Genymotion；没有多种 Android 系统及设备型号供选择；最致命的是，BlueStacks 是为了游戏而不是为了开发而设计的，所以无法竖屏，不适合开发。最适合开发的 Android 模拟器是夜神模拟器，它是全新一代的安卓模拟器，解决了 x86/AMD 的兼容性问题，同时支持各种 App 的下载（Android 系统），它兼容市面现有的应用和游戏，支持滑动按键，自带 ROOT 权限，启动速度快，最主要的是夜神模拟器还支持一键多开，不用再借助烦琐的第三方软件工具，它用于 Windows/Mac 系统。所以，相比之下夜神模拟器在性能、兼容性和操控体验方面是最好的安卓模拟器。

下面介绍夜神模拟器在 Windows 系统中的安装步骤，具体如下。

图 8.1　夜神模拟器官网

（1）打开夜神模拟器官网，单击"立即下载"按钮，如图 8.1 所示。

（2）到下载的目录双击安装包进行安装。安装时，安装位置根据自己的实际需要进行选择。安装完成后单击"安装完成，立即使用"按钮。这样，它会默认创建夜神模拟器并启动，启动界面如图 8.2 所示。

图 8.2　夜神模拟器启动界面

这样，夜神模拟器就在 Windows 系统中安装完成了。

2. 夜神模拟器常用设置介绍及在夜神模拟器内部安装 App

夜神模拟器主界面如图 8.3 所示。

图 8.3　夜神模拟器主界面

下面对图 8.3 中的各选项进行说明。

（1）主题中心。更换夜神模拟器背景图，可以根据喜好来设置主题样式。

（2）显示更多操作。夜神模拟器一些系统信息和帮助中心的选择等，如图 8.4 所示。

（3）系统设置。夜神模拟器对基础、性能、界面、游戏、手机与网络和快捷键的设置及清理与备份。在常用设置中开启 ROOT，如图 8.5 所示。

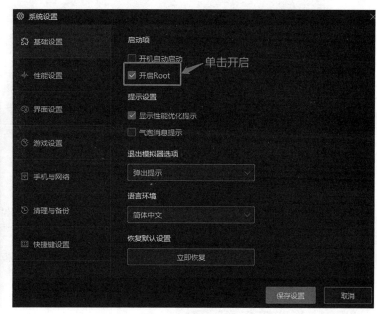

图 8.4　显示更多操作界面　　　　　　　　　图 8.5　基础设置界面

为了后面的实战项目，这里"手机与网络"选项卡中选择了小米手机的型号，如图 8.6 所示，最后单击"保存设置"按钮。

（4）显示更多功能。单击显示夜神模拟器更多的功能选择，包括多开器的选择和设置，如图 8.7 所示。

图 8.6　手机与网络界面　　　　　　　　　图 8.7　显示更多功能界面

选择"多开器"选项，可以看到有一个夜神模拟器已经启动，如图 8.8 所示。

图 8.8　夜神多开器界面

图 8.9　关闭浏览器应用

（5）返回按钮。单击返回夜神模拟器的上一个界面（快捷键"Esc"）。

（6）回到桌面按钮。单击返回夜神模拟器的主页（快捷键"Home"）。

（7）近期任务按钮。单击显示夜神模拟器已经开启的任务（快捷键"PageUp"），可以选择关闭正在开启的任务，如图 8.9 所示。

接下来介绍如何在夜神模拟器中安装 App，有以下两种方式。

（1）在夜神模拟器中的"应用商店"搜索下载自己想要的应用 / 游戏 App。操作方式与手机中的应用商店安装 App 相同。

（2）在计算机端的浏览器中打开相对应的 App 渠道官网，下载 APK 格式的应用或游戏包到计算机桌面，最后拖曳进模拟器窗体中即可自动安装。

3. Fiddler 及其下载、安装和设置

Fiddler 是一个 Web 调试代理平台，可以监控和修改 Web 的数据流。它在客户计算机和服务器的中间，作为一个代理中间件存在，如图 8.10 所示。

图 8.10　Fiddler 代理过程

Fiddler 可以捕获客户端发起的请求（request），并且转发（request）给目标服务器。服务器收到 Fiddler 转发过来的请求（request）之后，进行返回，Fiddler 捕获到服务器的响应（response）后再转发给客户端，客户端接收到响应（response）信息后，展现给客户。抓取 App 数据包的方法也是基于此。Fiddler 的功能非常强大，它支持 IE、Chrome、Firefox、Safari、Opera 等各种浏览器，

并具体地展示出各种数据流是如何传递的；对于测试接口来说，可以抓取移动设备（iPhone、iPad、Android 手机）上的数据；可以手动或自动修改任意的请求和响应；还可以解密 HTTPS 数据流，以便查看和修改。但需要注意的是，Fiddler 只支持 HTTP、HTTPS、FTP、WebSocket 等数据流相关的协议，它无法监测和修改 SMTP 或 POP3 等数据；Fiddler 无法请求（request）和响应（response）超过 2GB 的数据。

Fiddler 可以通过其官网下载。打开 Fidder 官网，单击"Download Now"按钮，在"Download Fiddler"页面中，按照如图 8.11 所示进行选择，最后单击"Download for Windows"按钮下载。

Fiddler 下载完成后，双击下载的安装包进行安装。在打开的安装界面中，单击"I Agree"按钮。

图 8.11　Fiddler 下载界面

然后指定安装的目录，单击"Install"按钮。安装完成后，单击"Close"按钮，关闭窗口。找到刚才设置的安装目录，右击"Fiddler.exe"，在弹出的快捷菜单中选择"发送到桌面快捷方式"选项。这样，安装好的 Fiddler 就在桌面显示了。

最后介绍 Fiddler 界面的基本情况和设置，如图 8.12 所示。

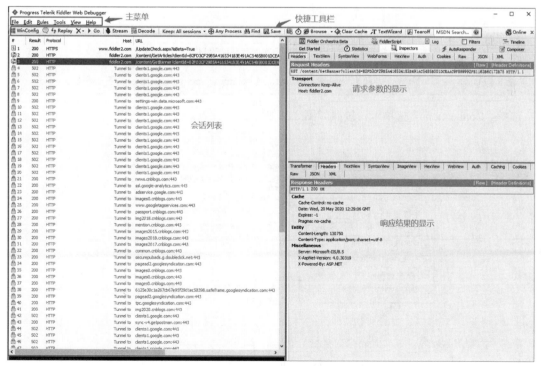

图 8.12　Fiddler 界面

因为手机 App 中有 HTTP 和 HTTPS 协议，而且为了保证手机 App 和 Fiddler 主机为同一网络，所以执行"Tools"→"Options"命令，在打开的"Options"对话框中按照如图 8.13 所示进行设置。

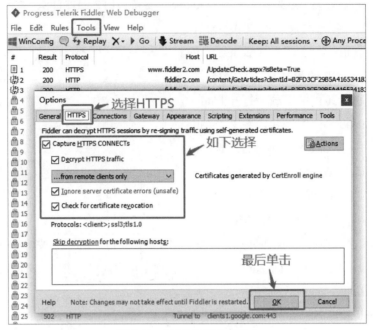

图 8.13　HTTPS 设置界面

注意

选中"Decrypt HTTPS traffic"复选框时，会弹出对话框，提示需要安装证书，单击"Yes"按钮，即可实现 HTTPS 的解密和加密。当抓取 App 数据端时，选择"from remote clients only"选项。

选择"Connections"选项卡，按照如图 8.14 所示进行设置。

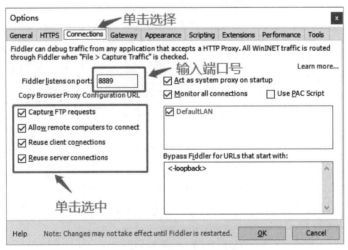

图 8.14　Connections 设置界面

需要注意的是，输入端口号时，不能和系统已经使用的端口号冲突。选中"Allow remote computers to connect"复选框（运行远程计算机进行连接）时，会弹出警告对话框，告知是否需要进行远程连接，单击"OK"按钮即可。这样，Fiddler 就能连接上手机，进行数据抓包。

最后单击"OK"按钮，Fiddler 就设置完成了。

4. Appium 环境搭建

Appium 是一个自动化测试的开源工具，支持 iOS 平台和 Android 平台上的原生应用（使用 iOS 和 Android SDK 编写的应用，简称 App），Web 应用（使用移动浏览器访问的应用）和混合应用。Appium 是跨平台的，它允许测试人员在不同的平台（iOS、Android）使用同一套 API 来编写自动化测试的脚本，这样就大大增强了测试代码的复用性。8.4 节的实战项目，就是利用 Appium 实现了自动化抓取爬虫。

下面介绍一下 Appium 环境搭建的步骤，具体如下。

（1）打开 Appium 官网，单击"Download Appium"按钮，自动跳转到 GitHub，然后选择"Appium-windows-1.15.1.exe"链接，如图 8.15 所示，下载到指定目录。

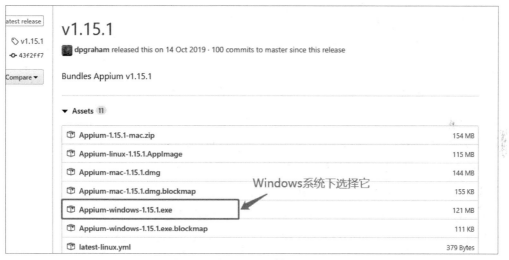

图 8.15　Appium 安装程序界面

（2）双击下载的安装包进行安装，在弹出的窗口中选择"为使用这台电脑的任何人安装"选项，然后单击"安装"按钮；Appium 安装成功后单击"完成"按钮，关闭窗口。

（3）在桌面双击 Appium，弹出如图 8.16 所示的窗口，用默认设置即可，最后单击"启动服务器 v1.15.1"按钮，即可启动 Appium 的服务器端。

图 8.16　Appium 启动界面

5. Docker 的安装及运行命令

Docker 是一个开源的应用容器引擎，虽然它和虚拟机有很多的相似之处，但还是有很大区别的，具体如下。

（1）传统的虚拟机技术是虚拟出一套硬件之后，在其上运行一个完整的操作系统，然后在该系统上再运行我们所需的应用；而 Docker 提出了容器的思想，Docker 在宿主机器的操作系统上创建 Docker 引擎，直接在宿主主机的操作系统上调用硬件资源，而不是虚拟化操作系统和硬件资源。所以，Docker 容器内是没有自己的操作系统的，它只是在操作系统的层面虚拟化。也就是说，虚拟机实现了操作系统之间的隔离，Docker 只是进程之间的隔离。

（2）Docker 的运行速度很快，可以用秒来计算，而虚拟机通常需要按分来计算。

（3）由于虚拟机实现了操作系统之间的隔离，因此它的安全性要比 Docker 高。

（4）虚拟机所占的存储空间一般为几十吉字节（GB）以上，而 Docker 所占的存储空间一般为几十兆字节（MB）以上。

（5）在操作系统的支持量方面，虚拟机一般单机支持几十个容器，而 Docker 单机支持上千个容器。

Docker 的安装步骤如下。

（1）为了在任何版本的 Windows 系统中运行 Docker，这里下载 Docker-toolbox 版本。

（2）双击下载的安装包进行安装，一般都为默认设置，一直单击"Next"按钮，最后单击"Finsh"按钮完成安装，并且会在桌面生成 Docker 应用图标。

（3）在桌面双击 Docker，Docker 刚开始启动时会进行初始化和一些认证，只需耐心等待即可。
Docker 的常用命令如下。

（1）docker version ：查看 Docker 的环境信息，结果如图 8.17 所示。

图 8.17　Docker 环境信息

（2）docker run hello-world ：创建镜像 hello-word，Docker 会查本地操作系统是否有该镜像，
若无，则到 Docker 官网下载，如图 8.18 所示。

图 8.18　Docker 创建镜像

（3）docker ps -a ：查看当前所有的容器及其运行状态。

（4）docker images ：查看当前本地有多少个镜像信息。

（5）docker rmi 镜像名：删除输入的镜像。

8.2 移动自动化工具：Ui Automator Viewer

Ui Automator 是一个用来做 UI（用户界面）测试的工具。就像普通的手工测试一样，单击每个控件元素，查看输出的结果是否符合预期。例如，在登录界面分别输入正确和错误的用户名和密码，然后单击"登录"按钮，查看是否能够登录及是否有错误信息的提示。Ui Automator Viewer 是一个图形界面的工具，用来定位、扫描和分析控件元素。通过截屏并分析 XML 布局文件的方式，为用户提供控件信息查看服务。它存放在 SDK 的 tools 目录中。

要使用 Ui Automator Viewer，就必须先安装 Android SDK 包。Android SDK 指的是 Android 专属的软件开发工具包，其安装步骤如下。

（1）安装 SDK 之前，先要下载安装 JDK 并配置 JDK 环境（Java 的运行环境）。JDK 可以通过 Java SE 官网下载，其下载界面如图 8.19 所示。

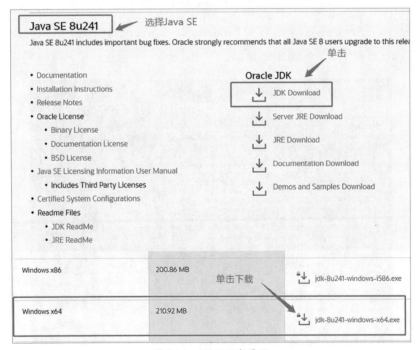

图 8.19　JDK 下载界面

（2）在 C 盘新建 java 文件夹，并且在此文件夹中新建两个子目录：jdk 和 jre，如图 8.20 所示。

（3）双击运行 JDK 的安装包，在第一次选择安装目录时，选择安装到 C:\java\sdk。第二次会弹出对话框提示输入 JRE 的安装目录，选择安装到 C:\java\jre。完成安装后，单击"关闭"按钮，关闭窗口。

（4）设置 Java 的环境变量：右击"此电脑"，在弹出的快捷菜单中选择"属性"→"高级系统设置"→"环境变量"选项，添加的变量如图 8.21 所示。

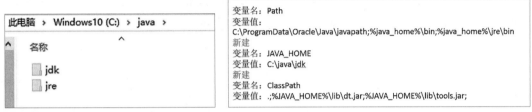

图 8.20　java 文件夹　　　　　　　　　　图 8.21　设置 Java 的环境变量

（5）在 CMD 命令行窗口中，输入命令"java"，如果显示如图 8.22 所示的信息，则表示 Java 环境已经安装完毕。

图 8.22　Java 显示信息

（6）SDK 可以通过 Android Studio 中文社区官网下载，其下载界面如图 8.23 所示。

图 8.23　SDK 下载界面

（7）先在 C 盘下创建 SDK 目录，然后双击下载的安装包进行安装，需要注意的是，安装过程中选中"Install for anyone using this computer"单选按钮；安装路径输入新创建的 C 盘下的 SDK 目录。最后在 Finish 窗口，取消选中"Start SDK Manager"复选框（先不启动 SDK），然后单击"Finish"按钮。

（8）设置 SDK 的环境变量：右击"此电脑"，在弹出的快捷菜单中选择"属性"→"高级系统设置"→"环境变量"选项，添加的变量如图 8.24 所示。

（9）双击 SDK 目录下的 SDK Manager.exe，启动 Android SDK Manager。在菜单栏中执行"Tools"→"options"命令，在打开的对话框中设置代理服务器，如图 8.25 所示。

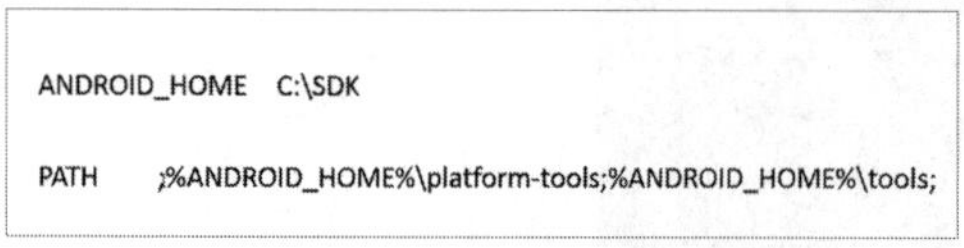

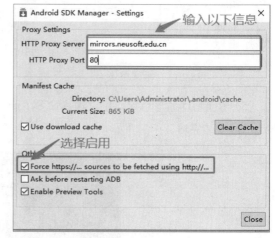

ANDROID_HOME   C:\SDK

PATH   ;%ANDROID_HOME%\platform-tools;%ANDROID_HOME%\tools;

图 8.24　设置 SDK 的环境变量

图 8.25　设置代理服务器

（10）在菜单栏中执行"Packages"→"Reload"命令，进行重新加载。

（11）在主界面的 Tools 目录下，下载 3 个工具包，如图 8.26 所示。

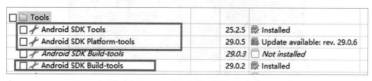

图 8.26　Tools 目录下的工具包

（12）在主界面 Extras（扩展包）目录下，选中全部选项进行下载，如图 8.27 所示。

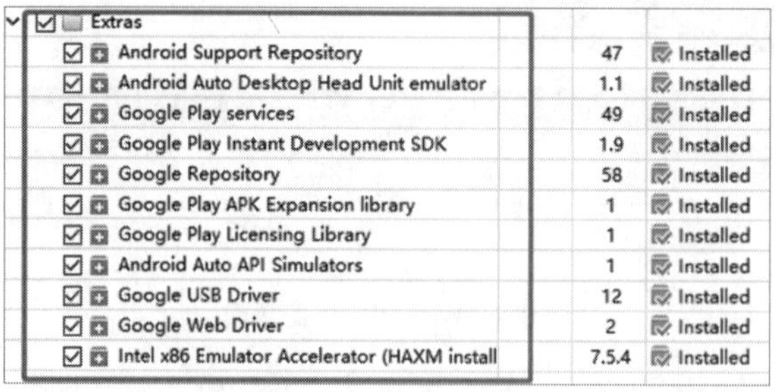

Extras		
Android Support Repository	47	Installed
Android Auto Desktop Head Unit emulator	1.1	Installed
Google Play services	49	Installed
Google Play Instant Development SDK	1.9	Installed
Google Repository	58	Installed
Google Play APK Expansion library	1	Installed
Google Play Licensing Library	1	Installed
Android Auto API Simulators	1	Installed
Google USB Driver	12	Installed
Google Web Driver	2	Installed
Intel x86 Emulator Accelerator (HAXM install	7.5.4	Installed

图 8.27　Extras（扩展包）

（13）单击右下角的"Install packages"按钮进行安装，注意在弹出的窗口中选择"Accept License"选项。

（14）在 SDK 目录下，选择 tools 目录，然后双击 uiautomatorviewer.bat，即打开 Ui Automator

Viewer。再打开夜神模拟器,如选择其中一款 App(爱彼迎)并打开它,最后单击 Ui Automator Viewer 菜单栏的第二个按钮(生成当前设备的快照),出现的图片就是当前 App 的界面,如图 8.28 所示。

图 8.28　Ui Automator Viewer 界面展示

注意

单击 Ui Automator Viewer 菜单栏的第二个按钮后会出现一个 console 黑窗口,使用时不要关掉。

8.3 Appium Desktop 工具的录制功能

本节将通过登录微博的实例,详细地讲解 Appium Desktop 工具的录制功能。Appium Desktop 除可以做 Server 外,还可以进行元素定位和脚本录制,具体操作步骤如下。

(1)在 CMD 命令行窗口中,输入命令 "adb devices",获取手机或模拟器的设备名,查看是否已经连接上计算机,如图 8.29 所示。

图 8.29　显示模拟器设备已连接上

（2）定位到 SDK 的 aapt.exe 所在目录，在 CMD 命令行窗口中，输入命令"aapt dump badging"，下载微博 APK 的地址，找到 package 下的 name 获取 App 包名和 launchable-activity 下的 name 获取 App 入口信息并复制，如图 8.30 所示。

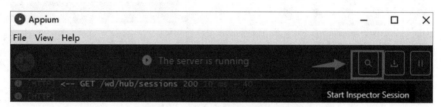

图 8.30　APK 信息展示

（3）在桌面双击打开 Appium，启动服务后，单击"Start Inspector Session"按钮，如图 8.31 所示。

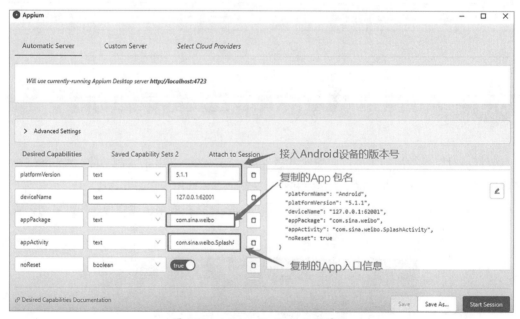

图 8.31　Appium Desktop 界面

（4）在弹出的窗口中，填入正确的信息，然后单击"Start Session"按钮，如图 8.32 所示。

图 8.32　Appium Desktop 配置界面

（5）成功启动模拟器中的微博 App，如图 8.33 所示。此时，如果模拟器和 Appium Desktop 中界面不同，可单击"刷新"按钮ⓒ进行同步。

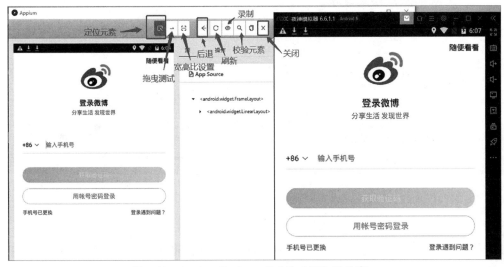

图 8.33　Appium Desktop 成功启动模拟器的窗口

（6）单击"录制"按钮◉，开始进行录制微博登录的操作。

（7）单击"用账号密码登录"按钮，然后单击右侧的"Tap"按钮，如图 8.34 所示。

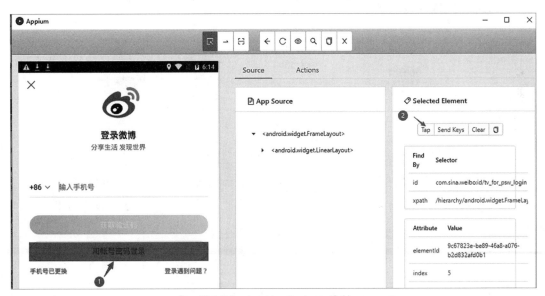

图 8.34　Appium Desktop 录制

（8）单击"刷新"按钮ⓒ，刷新一下 Appium Desktop 的窗口，出现账号密码登录窗口，输入账号，单击右侧的"Send Keys"按钮，在弹出的窗口中输入账号；密码也是同样的操作；单击"登录"按钮，再单击右侧的"Tap"按钮，这样就可以在模拟器中看到登录微博成功了，如图 8.35 所示。

图 8.35　Appium Desktop 录制输入账号、密码

（9）单击"结束录制"按钮 ■，可以看到界面显示出代码模块。可以选择录制语言为 Python
或其他，如图 8.36 所示。

图 8.36　Appium Desktop 的代码窗口

（10）在 CMD 命令行窗口中，输入命令"pip install appium"，安装 Appium 模块。

（11）复制生成的 Python 代码，打开 PyCharm 编辑器，新建一个名为 sina.py 的文件，把代码
复制进去并保存，运行 sina.py 文件，就能自动运行登录微博的操作。

8.4　App 应用数据抓取实战项目

如今手机的使用已成为互联网主流，手机 App 每天都会产生大量数据。本节将以豆果美食为
例，通过 Fiddler 抓包工具分析 App 数据请求接口及 App 响应的数据，然后使用 Scrapy 编写抓取

豆果美食 App 应用数据的代码，并将数据保存到 MongoDB 数据库中。

该实战项目的目标是将豆果美食 App 中所有关于土豆的菜谱都抓取下来，并保存到 MongoDB 数据库中，具体操作步骤如下。

（1）打开 Fiddler，其基本设置在 8.1 节中已经做了介绍。需要注意的是，Fiddler 监听的端口号是 8889。

（2）打开夜神模拟器，选择"系统设置"，在打开的界面设置开启网络桥接模式，如图 8.37 所示。

图 8.37　夜神模拟器系统设置界面

（3）在 CMD 命令行窗口中，输入命令"ipconfig"，查看当前计算机的 IP 地址。然后打开安卓模拟器设置中的 WLAN 选项，长按网络名称，出现如图 8.38 所示的"修改网络"选项，单击并在弹出的窗口中选择"高级选项"，同时设置"代理"为"手动"，输入计算机的 IP 与 Fiddler 中的端口号，如图 8.38 所示，最后单击"保存"按钮。

图 8.38　WLAN 设置界面

（4）在夜神模拟器中打开浏览器并随便打开一个网页，发现浏览器提醒安全证书有问题，这是因为模拟器中没有添加 Fiddler 的证书。因此，要在模拟器的浏览器中访问计算机的 IP 地址和端口号，如输入"192.168.1.*:8889"，并且单击最后一行的超级链接安装证书，如图 8.39 所示。

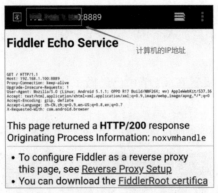

图 8.39　访问本地 IP 地址和端口号

注意

可能需要设置模拟器的锁屏密码，自己设置即可。

（5）模拟器安装好豆果美食 App 后，双击进入 App。首先单击"菜谱分类"选项，然后单击"土豆"，之后单击"更多"选项，最后在土豆的更多界面，选择"做过最多"选项，其页面如图 8.40 所示。

（6）在 Fiddler 窗口，按"Ctrl＋F"快捷键，打开"Find Sessions"对话框，在"Find"文本框中输入"api.douguo.net"，然后单击"Find Sessions"按钮，查看是不是想要的数据包，如图 8.41 所示。

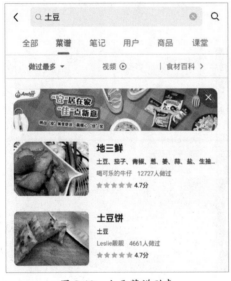

图 8.40　土豆菜谱列表

图 8.41　查询数据包

（7）在返回的数据包中，把 Host 不是 api.douguo.net 的数据包全部删除：在 Fiddler 界面选中要删除的数据包并右击，在弹出的快捷菜单中选择"Remote"→"Selected Sessions"选项，即可删除选中的数据包，如图 8.42 所示。

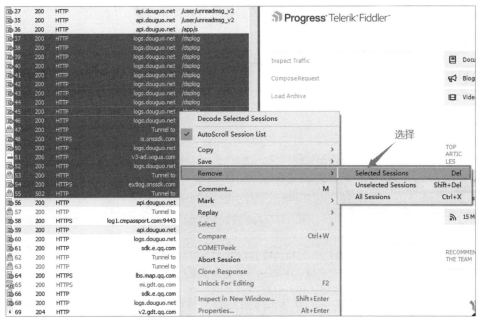

图 8.42　删除无用的数据包

（8）这时，在剩下的 Host 为 api.douguo.net 的数据包中，查找到我们所需的返回数据（如出现分类土豆等内容的数据），如图 8.43 所示。

图 8.43　返回土豆内容的数据包

（9）在 CMD 命令行窗口中，输入命令"scrapy startproject douguo"，建立豆果美食的爬虫项目，然后输入命令"scrapy genspider douguo api.douguo.net"，建立初始化的爬虫文件 douguo.py。

（10）这里要爬取的内容是作者、菜名、星级、做过的人数、烹饪故事、烹饪时间和烹饪难度，爬取后保存到 CSV 格式的文件中。所以，在此项目的 items.py 中定义数据字段，代码如下。

```python
import scrapy
class DouguoItem(scrapy.Item):
    author = scrapy.Field() # 作者
    dish_name = scrapy.Field() # 菜名
    rate = scrapy.Field() # 星级
    peoples = scrapy.Field() # 做过的人数
    cook_story = scrapy.Field() # 烹饪故事
    cook_time = scrapy.Field() # 烹饪时间
    cook_difficult = scrapy.Field() # 烹饪难度
```

（11）从 Fiddler 右侧可以获取头部信息及发送的数据，如图 8.44 所示。

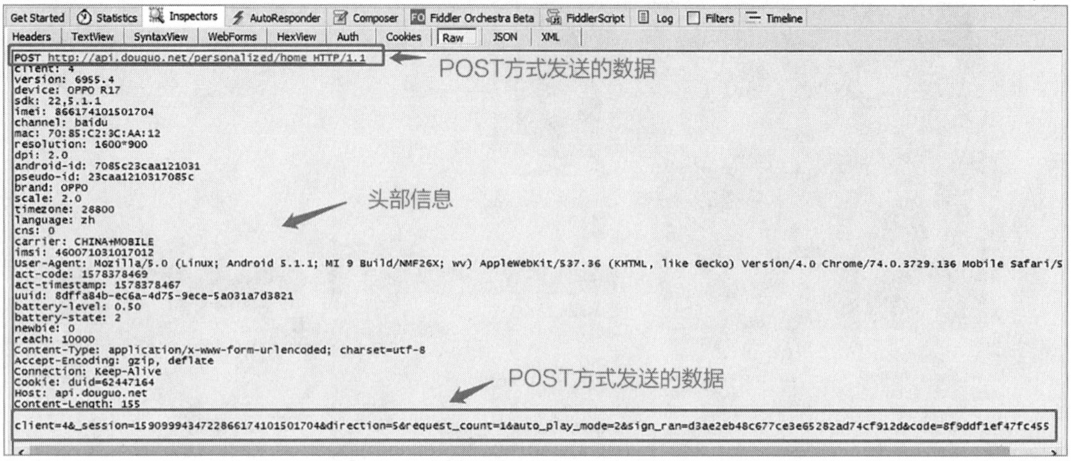

图 8.44　Fiddler 头部信息及发送的数据

（12）将头部信息复制到 Sublime 或其他文本处理工具中，将文本替换成字典格式，并删除一些字段（记得将空格删除），在 settings.py 中输入以下代码。

```python
DEFAULT_REQUEST_HEADERS = {
    "client": "4",
    "version": "6955.4",
    "device": "OPPO R17",
    "sdk": "22,5.1.1",
    "imei": "866174101501704",
    "channel": "baidu",
    "resolution": "1600*900",
    "dpi": "2.0",
    "brand": "OPPO",
    "scale": "2.0",
    "timezone": "28800",
    "language": "zh",
    "cns": "0",
    "carrier": "CHINA+MOBILE",
    "User-Agent": "Mozilla/5.0 (Linux; Android 5.1.1; MI 9 Build/NMF26X; wv)
        AppleWebKit/537.36 (KHTML, like Gecko) Version/4.0 Chrome/74.0.3729.136
        Mobile Safari/537.36",
    "act-code": "1578378469",
    "act-timestamp": "1578378467",
    "battery-level": "0.50",
    "battery-state": "2",
    "newbie": "0",
    "reach": "10000",
    "Content-Type": "application/x-www-form-urlencoded; charset=utf-8",
```

```
    "Accept-Encoding": "gzip, deflate",
    "Connection": "Keep-Alive",
    "Host": "api.douguo.net",
}
```

（13）获取 http://api.douguo.net/personalized/home 的 POST 方式发送的数据，把这些数据替换成字典格式，并删除一些不需要的数据，代码如下。

```
"client": "4",
"_vs": "2305",
"sign_ran": "b103409281b81561400c949067802643",
"code": "de36699c41aefda2",
```

（14）再获取 http://api.douguo.net/recipe/v2/search/0/20 的 POST 方式发送的数据，把这些数据也替换成字典格式，并删除一些不需要的数据，代码如下。

```
"client": "4",
"keyword": "土豆",
"order": "3",
"_vs": "11104",
"type": "0",
"auto_play_mode": "2",
"sign_ran": "8684b7e782350b7f4afe1c10d5bd084b",
"code": "8b016ce8f25a621a",
```

（15）在爬虫文件 douguo.py 中编写爬取豆果美食数据的代码如下。

```
# -*- coding: utf-8 -*-
import scrapy
# 导入 json 模块
import json
import time
from urllib import parse
from douguo.items import DouguoItem
class DouguoSpider(scrapy.Spider):
    name = 'douguo'
    allowed_domains = ['api.douguo.net']
    start_urls = ['http://api.douguo.net/']
    # 获取 http://api.douguo.net/personalized/home 信息
    def start_requests(self):
        url_no1 = 'http://api.douguo.net/personalized/home'
        data = {
            "client": "4",
            "_vs": "2305",
            "sign_ran": "b103409281b81561400c949067802643",
            "code": "de36699c41aefda2",
```

```
        }
        # 定义 URL 按照 POST 方法提交
        yield scrapy.FormRequest(url=url_no1, formdata=data, callback=self.parse)
# 查询做过最多的菜谱
def parse(self, response):
    print('url:', response.url)
    url_search = '/recipe/v2/search/0/20'
    node_list = json.loads(response.body.decode())["result"]["cs"]
    if not node_list:
        return
    else:
        for node in node_list:
            for index in node['cs']:
                for last in index['cs']:
                    # 输入 http://api.douguo.net/recipe/v2/search/0/20
                    # 的 POST 方式发送的数据
                    data2 = {
                        "client": "4",
                        "keyword": last["name"],
                        "order": "3",
                        "_vs": "11104",
                        "type": "0",
                        "auto_play_mode": "2",
                        "sign_ran": "8684b7e782350b7f4afe1c10d5bd084b",
                        "code": "8b016ce8f25a621a",
                    }
                    time.sleep(5)
                    # 定义 URL 按照 POST 方法提交
                    yield scrapy.FormRequest(url=parse.urljoin(response.url,
                        url_search), formdata=data2, meta={"data2":last[
                        "name"]}, callback=self.caipu_list)
# 查询豆果美食具体信息
def caipu_list(self, response):
    douguo_item = DouguoItem()
    # 获取返回的 JSON 数据
    url_searchs = json.loads(response.body.decode())['result']['list']
    name = response.meta.get("data2", "")
    if name == '土豆':
        for neirong in url_searchs:
            try:
                nr = neirong['r']
                douguo_item['author'] = nr['an']
                douguo_item['dish_name'] = nr['n']
                douguo_item['cook_story'] = nr['cookstory']
                douguo_item['cook_time'] = nr['cook_time']
```

```
                    douguo_item['cook_difficult'] = nr['cook_difficulty']
                    douguo_item['rate'] = nr['rate']
                    douguo_item['peoples'] = nr['recommendation_tag']
                    yield douguo_item
            except:
                # 如果菜谱信息读取不到，则为广告
                print(" 广告 ")
        else:
            return
```

（16）在 pipelines.py 中设置数据存储到 CSV 类型的文件，代码如下。

```
# 导入 DouguoItem 类中的数据格式
from douguo.items import DouguoItem
# 导入 csv 模块
from scrapy.exporters import CsvItemExporter
class CsvDouguoPipeline(object):
    def __init__(self):
        # 新建 douguo.csv 文件，定义能够写入数据
        self.file = open("douguo.csv", 'wb')
        # 定义保存的字段
        self.exporter = CsvItemExporter(self.file, fields_to_export=[
            'dish_name', 'author', "cook_story", 'cook_time', 'cook_difficult',
            'rate', 'peoples'])
        self.exporter.start_exporting()
    # 从 item 存入数据
    def process_item(self, item, spider):
        self.exporter.export_item(item)
        return item
    # 关闭 douguo.csv 数据文件
    def spider_closed(self, spider):
        self.exporter.finish_exporting()
        self.file.close()
```

（17）在 settings.py 中打开 ITEM_PIPELINES，在其中输入以下代码。

```
ITEM_PIPELINES = {
    'zhihu.pipelines.CsvNewsPipeline': 1,
}
```

（18）新建爬虫，运行主文件 main.py，代码如下。

```
from scrapy.cmdline import execute
import sys
import os
def start_scrapy():
    sys.path.append(os.path.dirname(os.path.abspath(__file__)))
```

```
    execute(["scrapy", "crawl", "douguo"])
if __name__ == '__main__':
    start_scrapy()
```

（19）运行 main.py 文件，这样数据就保存到 douguo.csv 文件中。

（20）用 Notepad++ 打开 douguo.csv，将编码格式修改为 UTF-8-BOM，然后保存。

（21）打开 douguo.csv，可以看到数据已经保存到该文件夹了，如图 8.45 所示。

	A	B	C	D	E	F	G
1	dish_name	author	cook_story	cook_time	cook_difficult	rate	peoples
2	地三鲜	喝可乐的牛仔	地道的东北菜，无数的人做	10-30分钟	切墩(初级)	4.7	6270人做过
3	土豆饼	Leslie靓靓	10分钟就可以制作焦香酥脆	10-30分钟	切墩(初级)	4.7	4660人做过
4	酸辣土豆丝	兜兜熊	酸辣土豆丝是一道老百姓餐	10-30分钟	配菜(中级)	4.7	2653人做过
5	番茄土豆丝	tgcyy	土豆丝的做法很多，今天的	10分左右	切墩(初级)	4.6	3767人做过
6	团团圆圆肉末土豆球	茹絮	今天要跟大家分享的这道土	30-60分钟	切墩(初级)	4.9	16人做过

图 8.45　爬取的豆果美食数据

这就是爬取一个 App 数据的过程，虽然过程有些烦琐，但是通过一步步解析数据，也很有挑战性和趣味性。

8.5 本章小结

8.1 节介绍了爬取 App 数据需要搭建的开发环境和工具，主要有如下工具。

（1）Android 模拟器：夜神模拟器的概念、安装、设置及其安装 App 的两种方式，即通过夜神模拟器中的应用商店下载安装和直接安装 APK 包。

（2）Web 调试代理平台：Fiddler 的概念、下载、安装及如何设置可以监控 Web 数据流。

（3）用于自动化测试的开源工具：Appium 的概念及环境搭建。

（4）开源的应用容器引擎：Docker 的概念、安装及运行命令。

8.2 节介绍了移动自动化工具 Ui Automator Viewer 的概念、设置环境变量，并通过简单的示例演示 Ui Automator Viewer 是如何使用的。

8.3 节通过登录微博的实例详细讲解了 Appium Desktop 工具的录制功能。

8.4 节利用 Scrapy 实现抓取 App 数据的一个典型案例：抓取豆果美食上关于土豆的菜谱信息，充分理解爬取一个 App 数据的整个过程。

第 9 章

Scrapy 的分布式部署与爬取

"工欲善其事，必先利其器"，对于 Scrapy 的分布式管理同样如此，它使用了 Gerapy 管理分布式爬虫，通过 Scrapyd + ScrapydWeb 简单高效地部署和监控分布式爬虫，最后使用 Scrapy-Redis 实现分布式爬虫。

9.1 分布式系统概述及要点

如今网络传输的数据量越来越大，数据库开始需要在每秒钟处理两倍于它能力的请求。网站性能就会开始变差，用户也能感受到（如用户编辑修改自己信息的速度变慢了）。这时，就需要分布式系统来分担单个服务器的压力。本节将介绍分布式系统的概念及要点。

9.1.1 分布式系统概述

分布式系统是建立在网络之上的集中式系统，它是由多台计算机组成和连接的，每台计算机都有一套软件系统，分布式系统让其协同完成一件任务，可以是计算任务，也可以是存储任务，但用户感知不到背后的逻辑，就像访问单台计算机一样，如图 9.1 所示。

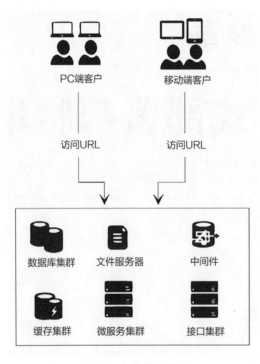

图 9.1　分布式的原理

分布式系统主要有以下一些特征。

（1）分布性：一个分布式系统中的计算机在空间部署上是可以随意分布的，这些计算机可能散布在不同的机房中，不同城市的机房中，甚至全球范围内。为了对外提供高可用的服务，整个系统所有的功能和数据是分布在各个节点上实现的。

（2）并发性：在程序运行过程中，并发性操作是非常常见的行为，一个大的任务可以划分为若干个子任务，分别在不同的主机上执行。也有可能会并发地操作一些共享的资源，如何准确并高效地协调分布式并发操作也成为分布式系统架构与设计中最大的挑战之一。

（3）通信性：系统中任意两台计算机都可以通过通信来交换信息。

（4）故障独立性：组成分布式系统的所有计算机，都有可能发生任何形式的故障。网络故障会导致相互连接的计算机隔离，但它们并不一定会马上停止运行，而且程序也很难判断是网络故障还是因为延迟。同样，当被网络隔离的计算程序异常终止时，也许不能马上通知与它通信的其他组件。系统的每个组件会单独地出现故障，而其他组件还在运行。这就增加了判断故障的难度。

分布式系统能够实现高可用、高吞吐、大容量存储、海量计算、并行计算等优异能力，天然的分布性和可伸缩等特性，也打破了物理上单机的瓶颈，使其能不断支撑着业务的发展而演进，并推进了云计算、大数据、人工智能等领域的发展。但是，正如每个硬币都有两面，分布式系统的复杂性，也使其在设计、研发、运行、维护、安全性等方面都面临更多的挑战。

9.1.2 分布式系统要点

分布式系统要点主要有 4 个：可扩展性、一致性、可靠性和效率性。

1. 可扩展性

任何可以不断发展以支持不断增长的工作量的分布式系统都被认为是可扩展的。为了可以支持不断增长的数据量或工作量，系统可能必须按比例缩放。可扩展系统通过设计实现这种扩展而不会降低性能。增加系统容量的模型有以下两种。

（1）水平扩展：通过向资源池中添加更多服务器来扩展。

（2）垂直扩展：通过向现有服务器添加更多功率（CPU、RAM、存储等）来扩展。

2. 一致性

一致性本质上是进程与数据存储的约定。一致性模型提供了分布式系统中数据复制时保持一致性的约束，为了实现一致性模型的约束，需要通过一致性协议来保证。一致性协议根据是否允许数据分歧可以分为两种。

（1）单主协议（不允许数据分歧）：整个分布式系统就像一个单体系统，所有写操作都由主节点处理，并且同步给其他副本。例如，主备同步、2PC 等都属于这类协议。

（2）多主协议（允许数据分歧）：所有写操作可以由不同节点发起，并且同步给其他副本，如 Gossip、PoW。

3. 可靠性

可靠性指的是分布式系统运行过程中失败的概率。当分布式系统中一个或多个软件或硬件组件发生故障时仍能继续提供服务，就会被认为是可靠的。

以大型电子商务商店（如淘宝）为例，其中一个主要要求是，由于运行该交易的机器发生故障，任何用户交易都不应被取消。例如，如果用户已将商品添加到他们的购物车中，则系统预计不会丢失该商品。可靠的分布式系统通过软件组件和数据的冗余来实现这一点。如果携带用户购物车的服务器出现故障，则具有购物车完全副本的另一台服务器应该替换它。

4. 效率性

当大量用户访问同一个互联网业务时，要能满足很多用户来自互联网的请求，最基本的需求就是所谓的性能需求：用户反应网页打开很慢或网游中的动作很卡等。而这些对于"服务速度"的要求，实际上包含的却是以下几个：高吞吐、高并发、低延迟和负载均衡。由于互联网业务的用户来自全世界，因此在物理空间上可能来自各种不同延迟的网络和线路，在时间上也可能来自不同的时区。所以，要有效地应对这种用户来源的复杂性，就需要把多个服务器部署在不同的空间来提供服务。同时，也需要让同时发生的请求，有效地让多个不同服务器承载。分布式系统就很好地解决了这个问题。

因此，这就是分布式系统存在的原因。

9.2　使用 Gerapy 管理分布式爬虫

Gerapy 是一款分布式爬虫管理框架，支持 Python 3，本节将介绍 Gerapy 的概念、安装、项目管理及如何设置监控任务。

9.2.1 Gerapy 及其安装

Gerapy 是一个基于 Scrapyd、Scrapyd API、Django、Vue.js 搭建的分布式爬虫管理框架。它把项目部署到管理的操作全部变为交互式，实现批量部署，更方便控制、管理、实时查看结果。它可以直接通过图形化界面开启、停止、删除爬虫的操作。

Gerapy 的安装步骤如下。

（1）在 CMD 命令行窗口中，输入命令"pip install gerapy"。安装完成后，输入命令"gerapy"，查看是否安装成功，如果显示如图 9.2 所示的信息，则表示 Gerapy 安装成功。

（2）在 CMD 命令行窗口中，输入命令"gerapy init"，初使化 Gerapy。执行完毕之后，便会在当前目录下生成一个名为 gerapy 的文件夹，接着进入该文件夹，可以看到有一个 projects 文件夹，如图 9.3 所示。

（3）初始化数据库：在 CMD 命令行窗口中，cd 到 gerapy 目录，输入命令"gerapy migrate"，执行完毕之后，会在 gerapy 目录下生产一个 sqlite 数据库，同时创建数据表，如图 9.4 所示。

```
λ gerapy
Usage: gerapy.exe [-v] [-h] ...

Gerapy 0.9.2 - Distributed Crawler Management Framework

Optional arguments:
  -v, --version        Get version of Gerapy
  -h, --help           Show this help message and exit

Available commands:
  init             Init workspace, default to gerapy
  initadmin        Create default super user admin
  runserver        Start Gerapy server
  migrate          Migrate database
  createsuperuser  Create a custom superuser
  makemigrations   Generate migrations for database
  generate         Generate Scrapy code for configurable project
  parse            Parse project for debugging
  loaddata         Load data from configs
  dumpdata         Dump data to configs
```

图 9.2　Gerapy 安装成功

图 9.3　gerapy 文件夹

图 9.4　gerapy 的数据目录

（4）创建超级用户：在 CMD 命令行窗口中，输入命令"gerapy createsuperuser"。接下来输入 Username（自定义的）、Email（可以不填写，直接按"Enter"键）和 Password（自定义的）。

（5）在 CMD 命令行窗口中，输入命令"gerapy runserver"，运行 Gerapy 服务。

（6）最后在浏览器中输入"http://127.0.0.1：8000"，访问 Gerapy 登录界面，并且在登录界面输入第（4）步中自定义的用户名和密码，最终显示 Gerapy 的管理界面，如图 9.5 所示。

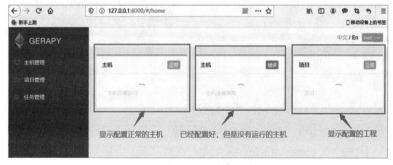

图 9.5　Gerapy 的管理界面

这样，Gerapy 就安装完成了。

9.2.2 Scrapyd 及其安装配置

Scrapyd 是一个可以运行 Scrapy 的服务程序，它提供了一系列 HTTP 接口供调用。也就是说，它相当于是一个服务器，用于将自己本地的爬虫代码，打包上传到服务器上，让这个爬虫在服务器上运行，可以实现对爬虫的远程管理（部署、启动、停止、删除）。同时，Scrapyd 支持爬虫版本管理，可管理多个爬虫任务。

下面介绍 Scrapyd 的安装和配置步骤，具体如下。

（1）在 CMD 命令行窗口中，输入命令"pip install scrapyd"，安装 Scrapyd。

（2）安装完成后，输入命令"scrapyd"，即可打开服务，默认是打开 6800 端口，如图 9.6 所示。服务启动后，不要关闭。

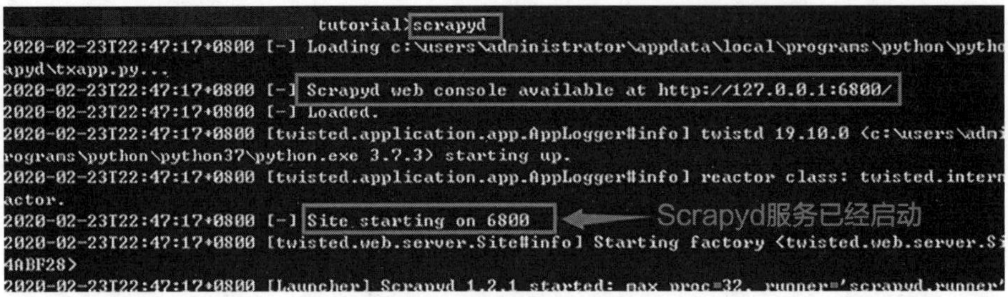

图 9.6　成功启动 Scrapyd

（3）Scrapyd 提供了一个客户端工具，即 scrapyd-client，使用这个工具对 Scrapyd 服务进行操作。新打开一个 CMD 命令行窗口，输入命令"pip install scrapyd-client"，安装 scrapyd-client。安装完成后，输入命令"scrapyd-deploy –h"，如果有如图 9.7 所示的类似输出，则表示 scrapyd-client 安装成功。

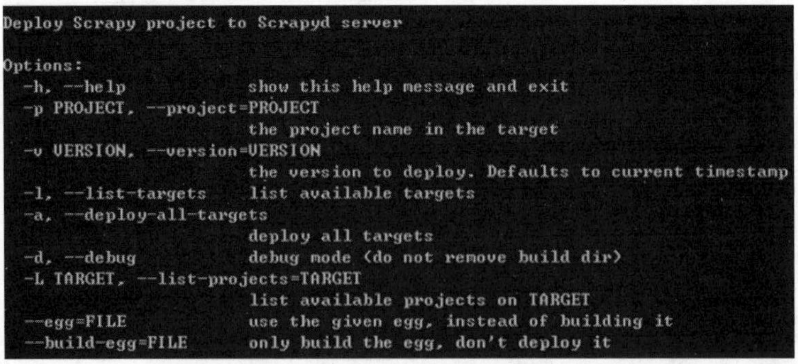

图 9.7　scrapyd-client 安装成功

（4）在爬虫项目中修改 scrapy.cfg 文件，例如，在豆果美食的爬虫项目中设置 scrapy.cfg 文件，代码如下。

```
[settings]
default = douguo.settings
[deploy:douguo]  # 给部署的爬虫在 Scrapy 中设置名称
url = http://localhost:6800/   # 爬虫项目要部署的 Scrapyd 服务的地址
project = douguo   # 项目名称为 douguo
```

（5）进入爬虫项目的根目录，然后输入命令"scrapyd-deploy"，查看 scrapyd-client 客户端命令能否正常使用，如图 9.8 所示。

图 9.8　scrapyd-deploy 命令显示结果

（6）输入命令"scrapyd-deploy -l"，查看当前可用于打包上传的爬虫项目，如图 9.9 所示。

图 9.9　显示可打包的爬虫项目

（7）发布爬虫，命令格式为 scrapyd-deploy <target> -p <project> --version <version>。其中，target 就是前面 scrapy.cfg 文件中 deploy 后面定义的 target 名称；project 可以随意定义，与爬虫的工程名称无关；version 为自定义版本号，不填写则默认为当前时间戳。例如，输入命令"scrapyd-deploy douguo -p douguopider"，打包上传项目，其中 douguo 为 deploy 后面定义的 target 名称，douguopider 为爬虫项目名称。发布爬虫成功的信息如图 9.10 所示。

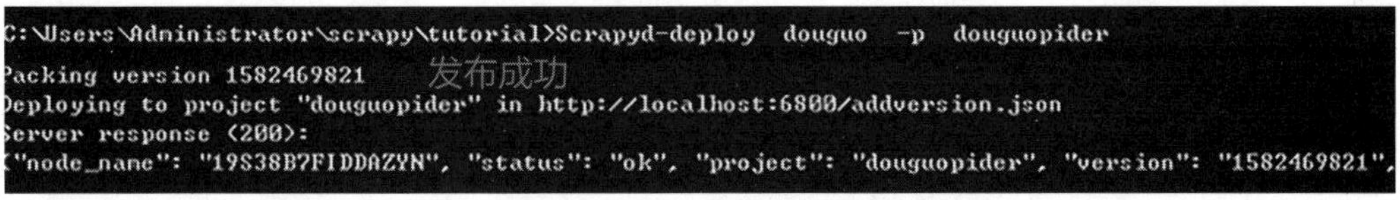

```
C:\Users\Administrator\scrapy\tutorial>Scrapyd-deploy  douguo  -p douguopider
Packing version 1582469821
Deploying to project "douguopider" in http://localhost:6800/addversion.json
Server response (200):
{"node_name": "19S38B7FIDDAZYN", "status": "ok", "project": "douguopider", "version": "1582469821",
```

图 9.10　发布爬虫成功的信息

（8）启动爬虫，命令格式为 curl http://127.0.0.1:6800/schedule.json -d project=工程名称 -d spider=爬虫名称。例如，输入命令"curl http://localhost:6800/schedule.json -d project=douguopider -d spider=douguo"，启动爬虫成功的信息如图 9.11 所示。

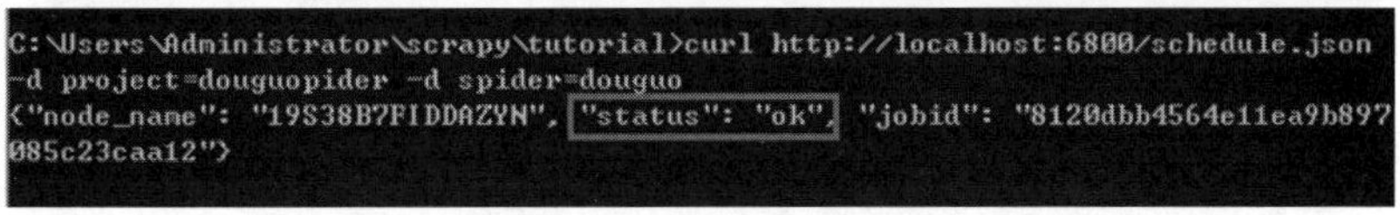

```
C:\Users\Administrator\scrapy\tutorial>curl http://localhost:6800/schedule.json
-d project=douguopider -d spider=douguo
{"node_name": "19S38B7FIDDAZYN", "status": "ok", "jobid": "8120dbb4564e11ea9b897
085c23caa12"}
```

图 9.11　启动爬虫成功的信息

（9）爬虫运行后，可以在 http://127.0.0.1:6800/jobs 中查看运行的爬虫的详细信息，如图 9.12 所示。

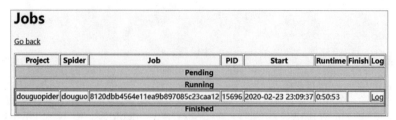

图 9.12　运行的爬虫的详细信息

9.2.3 Gerapy 的项目管理

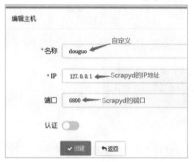

图 9.13　部署主机

Gerapy 的项目管理分为管理主机和管理项目。

1. 管理主机

部署主机就是将主机部署到远程主机的 Scrapyd 中，按照如图 9.13 所示配置 Scrapyd 远程服务。

输入名称、IP 及端口，单击"创建"按钮即可完成添加，单击"返回"按钮即可看到当前添加的 Scrapyd 服务列表，如图 9.14 所示。

图 9.14　Scrapyd 服务列表

当配置的 Scrapyd 中，已经发布了爬虫项目，如果想执行爬虫项目，就单击图 9.14 中的"调度"按钮，然后在下一个窗口中单击"运行"按钮，如图 9.15 所示。

图 9.15　爬虫项目运行界面

2. 管理项目

把编写好的爬虫文件放在生成的文件夹 gerapy 下的 projects 中，然后刷新网页就可以发现项目就在其中了，如图 9.16 所示。

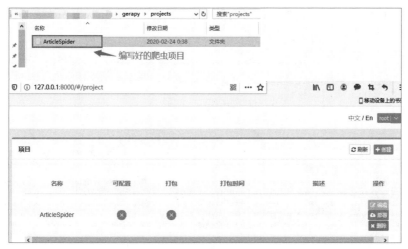

图 9.16 管理项目

单击"部署"按钮就可以进行打包和部署了，描述是自定义的，只会在 Gerapy 上显示，然后会提示打包成功，同时左侧会显示打包结果和打包名称，如图 9.17 所示。

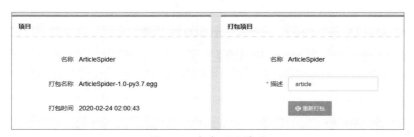

图 9.17 打包项目界面

打包成功后选择需要部署的主机，单击"部署"按钮，也可以同时批量选择主机进行部署。

9.2.4 Gerapy 设置监控任务

部署完毕之后就可以回到主机管理页面进行任务调度了，任选一台主机，单击"调度"按钮即可进入任务管理页面，此页面可以查看当前 Scrapyd 服务的所有项目、所有爬虫及运行状态，如图 9.18 所示。

图 9.18 爬虫的运行状态

可以通过单击"运行""停止"等按钮来实现任务的启动和停止等操作，同时也可以通过展开任务条目来查看日志详情，如图 9.19 所示。

图 9.19　爬虫的日志详情

另外，还可以随时单击"停止"按钮来取消 Scrapy 任务的运行。这样就可以在此页面方便地管理每个 Scrapyd 服务上的每个 Scrapy 项目的运行了。

9.3　通过 Scrapyd + ScrapydWeb 简单高效地部署和监控分布式爬虫项目

ScrapydWeb 是一个比较完善的爬虫管理平台，集成并且提供更多可视化功能和更优美的界面。由于 ScrapydWeb 是一个基于 Scrapyd 的可视化组件，因此它只能运行 Scrapy 爬虫。

9.3.1 Scrapyd 在 ScrapydWeb 上部署 Scrapy 爬虫项目

在使用 ScrapydWeb 之前，请先确保所有主机都已经安装和启动了 Scrapyd。如果需要远程访问 Scrapyd，则需将 Scrapyd 配置文件中的 bind_address 修改为 bind_address = 0.0.0.0，然后重启 Scrapyd Service。

ScrapydWeb 的安装部署步骤如下。

（1）在 CMD 命令行窗口中，输入以下命令，安装 ScrapydWeb。

```
pip install scrapydweb
```

（2）输入运行命令，代码如下。

```
scrapydweb
```

> **注意**
>
> 　　输入运行命令，前提是 Scrapyd 服务器必须处于运行状态。首次启动将自动在当前工作目录生成配置文件：scrapydweb_settings_v10.py。在该配置文件可启用 HTTP 基本认证，添加 Scrapyd server、认证信息和分组 / 标签，代码如下。
> ```
> ENABLE_AUTH = True
> USERNAME = '自定义的用户名'
> PASSWORD = '自定义的密码'
> # 添加 Scrapyd server、认证信息和分组 / 标签
> SCRAPYD_SERVERS = [
>     '127.0.0.1',
>     ('username', 'password', 'localhost', '6801', 'group'),
> ]
> # 添加项目路径
> SCRAPY_PROJECTS_DIR = '添加项目路径'
> ```

（3）重启 ScrapydWeb：先按"Ctrl + C"快捷键退出上面的 ScrapydWeb，然后输入命令"scrapydweb"，重启 ScrapydWeb。

（4）在浏览器中输入"http://127.0.0.1:5000"，在弹出的窗口中输入上面自定义的用户名和密码，单击"确定"按钮。如果出现如图 9.20 所示的可视化界面，则表示 ScrapydWeb 安装成功。

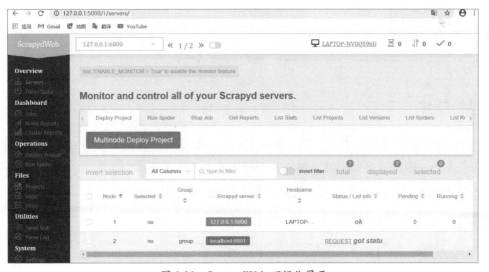

图 9.20　ScrapydWeb 可视化界面

（5）在当前工作目录配置文件：scrapydweb_settings_v10.py，配置 SCRAPY_PROJECTS_DIR 指定 Scrapy 项目开发目录，代码如下。

```
# 添加项目路径
SCRAPY_PROJECTS_DIR = '添加项目路径'
```

（6）ScrapydWeb 将自动列出该路径下的所有项目，默认选定最新编辑的项目，选择项目后即可自动打包和部署指定项目，如图 9.21 所示。

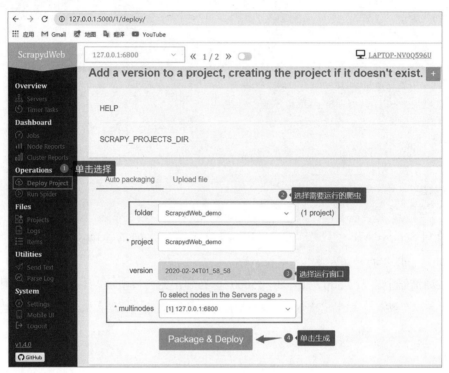

图 9.21　部署指定爬虫项目

9.3.2 运行爬虫

在 ScrapydWed 左侧导航栏中选择"Run Spider"选项，在右侧页面中依次设置"project" "_version"和"spider"，另外，可以选择是否传入 Scrapy settings 和 Spider arguments，还可选择是否创建基于 APScheduler 的定时爬虫任务，具体步骤如图 9.22 所示。

> **注意**
>
> 如果要同时启动大量爬虫任务，则需调整 Scrapyd 配置文件的 max-proc 参数。

单击"Run Spider"按钮后弹出如图 9.23 所示的页面，这表示爬虫开始运行。

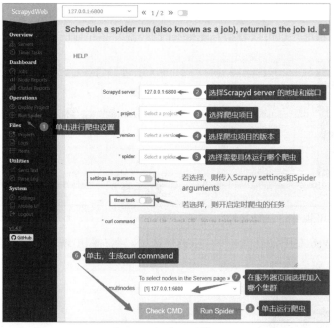

图 9.22　爬虫设置界面

图 9.23　爬虫运行界面

9.3.3 日志分析和可视化

如果在同一台主机中运行 Scrapyd 和 ScrapydWeb，则在当前工作目录配置文件：scrapydweb_settings_v10.py，设置 LOCAL_SCRAPYD_SERVER、LOCAL_SCRAPYD_LOGS_DIR 和 ENABLE_LOGPARSER，代码如下。

```
# 设置 SCRAPYD_SERVER 的地址和端口
LOCAL_SCRAPYD_SERVER = '127.0.0.1:6800'
# 设置日志存放路径
LOCAL_SCRAPYD_LOGS_DIR = '日志存放路径'
# 开启 LOGPARSER
ENABLE_LOGPARSER = True
```

然后重启 Scrapyd 和 ScrapydWeb，在 ScrapydWeb 左侧导航栏中选择"Jobs"选项，可以在右侧查看到爬虫的运行状况，也可以看到 LogParser 已经安装好并且正在运行，如图 9.24 所示。

图 9.24　爬虫运行状况

查看日志分析和可视化，具体步骤如下。

（1）在 ScrapydWeb 左侧导航栏选择"Logs"选项，在右侧出现的窗口中选择需要查看哪个爬虫的日志，如图 9.25 所示。

图 9.25　选择查看爬虫日志

（2）在接下来的窗口中选择需要显示的日志（Log）。然后在新的窗口中单击"Stats"下面的链接，如图 9.26 所示。

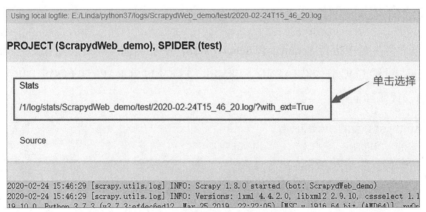

图 9.26　选择爬虫日志显示方式

（3）在新的窗口中可以查看该爬虫的记录分析、日志分类、进度可视化、查看日志及爬虫信息，这里选择"Progress visualization"选项，如图 9.27 所示。

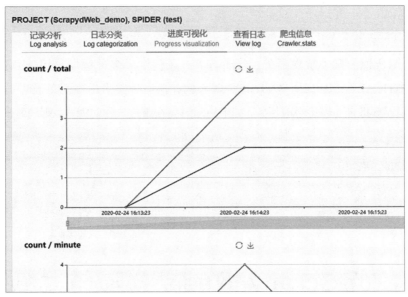

图 9.27　爬虫进度可视化

9.3.4 邮件通知

可以设置 ScrapydWeb 在爬虫任务停止后发送通知邮件，邮件正文包含当前爬虫任务的统计信息。在当前工作目录配置文件：scrapydweb_settings_v10.py，设置邮件通知，步骤如下。

（1）添加邮箱账号，代码如下。

```
# 设置 QQ 邮箱服务器
SMTP_SERVER = 'smtp.qq.com'
# 设置端口号
SMTP_PORT = 465
SMTP_OVER_SSL = True
SMTP_CONNECTION_TIMEOUT = 10
# 添加自己 QQ 邮箱的信息
EMAIL_USERNAME = 'QQ 邮箱的用户名 '    # 默认为 FROM_ADDR 的地址
EMAIL_PASSWORD = 'QQ 邮箱的密码 '
FROM_ADDR = 'QQ 邮箱地址 '
TO_ADDRS = [FROM_ADDR]
```

（2）设置邮件工作时间和触发该发送邮件任务的时间（基本触发器）。例如，当某一任务完成时，并且当前时间是工作日的 10 点和 18 点，ScrapydWeb 将会发送通知邮件，代码如下。

```
# 设置邮箱发送时间为工作日
```

```
EMAIL_WORKING_DAYS = [1, 2, 3, 4, 5]
# 设置发送的具体时间点
EMAIL_WORKING_HOURS = [10, 18]
ON_JOB_RUNNING_INTERVAL = 3600
ON_JOB_FINISHED = True
```

（3）除上面所说的基本触发器外，ScrapydWeb 还提供了多种触发器用于处理不同类型的 Log，包括 CRITICAL、ERROR、WARNING 等，例如，当日志中出现两条及以上的 ERROR 的 Log 时，ScrapydWeb 将自动停止当前任务，如果当前时间在邮件工作时间内，则同时发送通知邮件，代码如下。

```
LOG_ERROR_THRESHOLD = 2
LOG_ERROR_TRIGGER_STOP = True
LOG_ERROR_TRIGGER_FORCESTOP = False
```

9.4 使用 Scrapy-Redis 实现分布式爬虫

Scrapy 是一个通用的爬虫框架，但是不支持分布式爬虫。分布式爬虫应该是在多台服务器，共同执行一套爬取任务，而且必须是不重复的交叉爬取。为什么原生的 Scrapy 框架做不了分布式？主要原因有两个，一个是一套原生的 Scrapy 框架由五大核心组件（引擎、调度器、下载器、爬虫、项目管道）组成，它们各自有各自的调度器，没办法实现任务的共享，所以不能实现分布式爬取；另一个是框架之间的项目管道是单独的，当任务下载完之后，爬取的有效信息不会全部存放在某个指定的位置。所以，要想实现分布式爬虫，必须同时满足调度器和项目管道的共享才可以达到分布式的效果。基于这两个原因，Scrapy 提供了一些以 Redis 为基础的组件，用 Scrapy-Redis 的框架形式（内部实现了调度器和项目管道的共享）实现了分布式爬虫。分布式爬虫的基本结构如图 9.28 所示。

图 9.28　分布式爬虫的基本结构

分布式爬虫主要有以下优点。

（1）对于任何一台计算机来说，不管将它的性能提高到什么程度，它的带宽是有限的。而分布式能够充分利用多台计算机的带宽来加快爬取速度。

（2）由于目标网站会对单台计算机的 IP 进行监控，当一个 IP 请求过快时，会对 IP 进行限制。如果有多台计算机，如有 10 台计算机，就可以将爬取速度降到以前的 1/10，这样 IP 被禁止的可能性会很小。而且，当把爬取网站的 URL 分散到 10 台计算机上时，那么它爬取的速度就是单台计算机的 10 倍。

Scrapy-Redis 通过状态管理器来调度 Scrapy，改造了 Scrapy，而且 Scrapy-Redis 解决了两个问题，具体如下。

（1）request 之前是放在内存中的，现在用 Redis 对多台计算机的队列进行集中管理。

（2）Redis 也能对去重进行集中管理。

9.4.1 Scrapy-Redis 源码剖析

分布式爬虫相对来说比单机爬虫要复杂，因为它需要解决的是状态管理器对爬虫进行调度，将 URL 分配到不同的爬虫计算机中去。它的编程难度会比单机爬虫要难一些。如果想全面地理解分布式爬虫的运行原理，就需要对 Scrapy-Redis 的源码进行剖析，了解其实现了什么功能。

（1）connection.py：用来根据 setting 中配置实例化 Redis 连接，是连接 Redis 最基本的文件。它经常会被 dupefilter.py、pipelines.py、quenue.py 和 scheduler.py 调用，而且只要涉及 Redis 存取的都要使用到这个模块，所以是很重要的一个文件，源码剖析如下。

```
import six
from scrapy.utils.misc import load_object
# 引入了设置文件
from . import defaults
# Shortcut maps 'setting name' -> 'parmater name'
# 映射 settings 配置文件中 Redis 的基础配置，并放入 params 中，创建到 Redis 的连接
SETTINGS_PARAMS_MAP = {
    'REDIS_URL': 'url',
    'REDIS_HOST': 'host',
    'REDIS_PORT': 'port',
    'REDIS_ENCODING': 'encoding',
}
# 根据 settings 配置文件信息，返回的是 Redis 库的 Redis 对象，可以直接用来进行数据操作的对象
def get_redis_from_settings(settings):
    params = defaults.REDIS_PARAMS.copy()
    params.update(settings.getdict('REDIS_PARAMS'))
    # XXX: Deprecate REDIS_* settings
    for source, dest in SETTINGS_PARAMS_MAP.items():
```

```
        val = settings.get(source)
        if val:
            params[dest] = val
    # Allow ``redis_cls`` to be a path to a class
    if isinstance(params.get('redis_cls'), six.string_types):
        params['redis_cls'] = load_object(params['redis_cls'])
    return get_redis(**params)
from_settings = get_redis_from_settings
# 返回一个 Redis 的 StrictRedis 实例对象
def get_redis(**kwargs):
    redis_cls = kwargs.pop('redis_cls', defaults.REDIS_CLS)
    url = kwargs.pop('url', None)
    if url:
        return redis_cls.from_url(url, **kwargs)
    else:
        return redis_cls(**kwargs)
```

（2）defaults.py：配置文件，源码剖析如下。

```
# 导入 redis 模块
import redis
# For standalone use
# 保存每一个访问过的 request 的指纹
DUPEFILTER_KEY = 'dupefilter:%(timestamp)s'
PIPELINE_KEY = '%(spider)s:items'
# 定义使用 redis 模块
REDIS_CLS = redis.StrictRedis
# 连接 Redis 时定义编码格式
REDIS_ENCODING = 'utf-8'
# Sane connection defaults
# 连接 Redis 需设置的参数
REDIS_PARAMS = {
    'socket_timeout': 30,
    'socket_connect_timeout': 30,
    'retry_on_timeout': True,
    'encoding': REDIS_ENCODING,
}
# 设置 request 队列需要的 queue，相当于设置队列中的变量名
SCHEDULER_QUEUE_KEY = '%(spider)s:requests'
# 设置需要使用哪种类型的队列，默认设置为优先级队列
SCHEDULER_QUEUE_CLASS = 'scrapy_redis.queue.PriorityQueue'
# 设置保存去重的 key（变量名）
SCHEDULER_DUPEFILTER_KEY = '%(spider)s:dupefilter'
# 设置去重的类
SCHEDULER_DUPEFILTER_CLASS = 'scrapy_redis.dupefilter.RFPDupeFilter'
START_URLS_KEY = '%(name)s:start_urls'
```

```
START_URLS_AS_SET = False
```

（3）dupefilter.py：用来过滤 request，起到去重的作用，使用 Redis 的 set 数据结构。它替换了 Scrapy 默认的去重器，源码剖析如下。

```python
# 导入日志模块
import logging
# 导入时间模块
import time
# 导入 Scrapy 中 dupefilters 的 BaseDupeFilter 函数
from scrapy.dupefilters import BaseDupeFilter
# 导入 Scrapy 中 utils.request 的 request_fingerprint 函数
from scrapy.utils.request import request_fingerprint
# 导入 defaults 设置文件
from . import defaults
# 导入 connection 中的 get_redis_from_settings 函数
from .connection import get_redis_from_settings
logger = logging.getLogger(__name__)
# TODO: Rename class to RedisDupeFilter
class RFPDupeFilter(BaseDupeFilter):
    logger = logger
    # 初始化重复筛选器
    def __init__(self, server, key, debug=False):
        self.server = server
        self.key = key
        self.debug = debug
        self.logdupes = True
    # 从给定的设置返回一个实例
    @classmethod
    def from_settings(cls, settings):
        # 调用 connection 中的 get_redis_from_settings 函数，初始化生成 server，
        # 连接到 Redis
        server = get_redis_from_settings(settings)
        # TODO: Use SCRAPY_JOB env as default and fallback to timestamp
        key = defaults.DUPEFILTER_KEY % {'timestamp': int(time.time())}
        debug = settings.getbool('DUPEFILTER_DEBUG')
        return cls(server, key=key, debug=debug)
    # 从爬虫返回实例
    @classmethod
    def from_crawler(cls, crawler):
        return cls.from_settings(crawler.settings)
    # 如果已经看到 request，则返回 True
    def request_seen(self, request):
        fp = self.request_fingerprint(request)
        # This returns the number of values added, zero if already exists
```

```
        # 把指纹加到 key 中，如果成功返回 1，失败则返回 0，说明该 request 存在
        added = self.server.sadd(self.key, fp)
        return added == 0
    # 调用 request_fingerprint 接口的，这个接口通过 sha1 算法来判断两个 URL 请求地址
    # 是否相同，从而达到 URL 的去重功能。返回确认的 request 的指纹
    def request_fingerprint(self, request):
        return request_fingerprint(request)
    @classmethod
    def from_spider(cls, spider):
        settings = spider.settings
        server = get_redis_from_settings(settings)
        dupefilter_key = settings.get("SCHEDULER_DUPEFILTER_KEY",
                                    defaults.SCHEDULER_DUPEFILTER_KEY)
        key = dupefilter_key % {'spider': spider.name}
        debug = settings.getbool('DUPEFILTER_DEBUG')
        return cls(server, key=key, debug=debug)
    # 关闭时删除数据
    def close(self, reason=''):
        self.clear()
    # 清除指纹数据
    def clear(self):
        self.server.delete(self.key)
    # 定义 request 的日志
    def log(self, request, spider):
        if self.debug:
            msg = "Filtered duplicate request: %(request)s"
            self.logger.debug(msg, {'request': request},
                            extra={'spider': spider})
        elif self.logdupes:
            msg = ("Filtered duplicate request %(request)s"
                    " - no more duplicates will be shown"
                    " (see DUPEFILTER_DEBUG to show all duplicates)")
            self.logger.debug(msg, {'request': request},
                            extra={'spider': spider})
            self.logdupes = False
```

（4）pipelines.py：将一些 item 保存到 Redis 中去，这样就实现了 item 的分布式保存，源码剖析如下。

```
from scrapy.utils.misc import load_object
from scrapy.utils.serialize import ScrapyJSONEncoder
from twisted.internet.threads import deferToThread
from . import connection, defaults
default_serialize = ScrapyJSONEncoder().encode
# 将序列化的 item 加入 Redis 序列
```

```python
class RedisPipeline(object):
    # 初始化 Pipeline
    def __init__(self, server,
                 key=defaults.PIPELINE_KEY,
                 serialize_func=default_serialize):
        self.server = server
        self.key = key
        self.serialize = serialize_func
    # 初始化 Redis 配置
    @classmethod
    def from_settings(cls, settings):
        # 初始化 Redis server
        params = {
            'server': connection.from_settings(settings),
        }
        # 不同的 Spider 放入不同的 key 中, 初始化 Redis 的值
        if settings.get('REDIS_ITEMS_KEY'):
            params['key'] = settings['REDIS_ITEMS_KEY']
        if settings.get('REDIS_ITEMS_SERIALIZER'):
            params['serialize_func'] = load_object(
                settings['REDIS_ITEMS_SERIALIZER']
            )
        return cls(**params)
    @classmethod
    def from_crawler(cls, crawler):
        return cls.from_settings(crawler.settings)
    def process_item(self, item, spider):
        return deferToThread(self._process_item, item, spider)
    # 调用异步对象, 将 item 进行序列化
    def _process_item(self, item, spider):
        key = self.item_key(item, spider)
        data = self.serialize(item)
        self.server.rpush(key, data)
        return item
    # 根据给定的 Spider 返回 Redis key
    def item_key(self, item, spider):
        return self.key % {'spider': spider.name}
```

（5）queue.py：用来做 request 队列的，有 3 种模式（先进先出队列、优先级队列、先进后出队列）供选择。形象地说，它会作为 Scheduler 调度 request 的容器来定义及维护一个秩序，源码剖析如下。

```python
from scrapy.utils.reqser import request_to_dict, request_from_dict
# 导入 picklecompat 模块
from . import picklecompat
```

```python
class Base(object):
    def __init__(self, server, spider, key, serializer=None):
        if serializer is None:
            # Backward compatibility
            # TODO: deprecate pickle
            serializer = picklecompat
        if not hasattr(serializer, 'loads'):
            raise TypeError("serializer does not implement 'loads' function: %r" %
                            serializer)
        if not hasattr(serializer, 'dumps'):
            raise TypeError("serializer '%s' does not implement 'dumps' function: %r" %
                            serializer)
        self.server = server
        self.spider = spider
        self.key = key % {'spider': spider.name}
        self.serializer = serializer
    def _encode_request(self, request):
        """Encode a request object"""
        obj = request_to_dict(request, self.spider)
        return self.serializer.dumps(obj)
    def _decode_request(self, encoded_request):
        """Decode an request previously encoded"""
        obj = self.serializer.loads(encoded_request)
        return request_from_dict(obj, self.spider)
    def __len__(self):
        """Return the length of the queue"""
        raise NotImplementedError
    def push(self, request):
        """Push a request"""
        raise NotImplementedError
    def pop(self, timeout=0):
        """Pop a request"""
        raise NotImplementedError
    def clear(self):
        """Clear queue/stack"""
        self.server.delete(self.key)
# 定义先进先出队列，即有序的队列
class FifoQueue(Base):
    def __len__(self):
        """Return the length of the queue"""
        return self.server.llen(self.key)
    # 把 request 放入队列头
    def push(self, request):
        """Push a request"""
        self.server.lpush(self.key, self._encode_request(request))
```

```
    # 从队尾开始取 request
    def pop(self, timeout=0):
        """Pop a request"""
        if timeout > 0:
            data = self.server.brpop(self.key, timeout)
            if isinstance(data, tuple):
                data = data[1]
        else:
            data = self.server.rpop(self.key)
        if data:
            return self._decode_request(data)
# 定义优先级队列，Redis 默认使用 queue
class PriorityQueue(Base):
    def __len__(self):
        """Return the length of the queue"""
        return self.server.zcard(self.key)
    # 把后来的 request 放入队列头
    def push(self, request):
        """Push a request"""
        data = self._encode_request(request)
        score = -request.priority
        # 不使用 zadd 方法，因为参数的顺序取决于类是 Redis 还是 StrictRedis，而且使用
        # kwargs 的选项只接收字符串，不接收字节
        self.server.execute_command('ZADD', self.key, score, data)
    # 从队列前开始取 request
    def pop(self, timeout=0):
        pipe = self.server.pipeline()
        pipe.multi()
        pipe.zrange(self.key, 0, 0).zremrangebyrank(self.key, 0, 0)
        results, count = pipe.execute()
        if results:
            return self._decode_request(results[0])
# 定义后进先出队列
class LifoQueue(Base):
    def __len__(self):
        """Return the length of the stack"""
        return self.server.llen(self.key)

    def push(self, request):
        """Push a request"""
        self.server.lpush(self.key, self._encode_request(request))

    def pop(self, timeout=0):
        """Pop a request"""
        if timeout > 0:
```

```
            data = self.server.blpop(self.key, timeout)
            if isinstance(data, tuple):
                data = data[1]
        else:
            data = self.server.lpop(self.key)

        if data:
            return self._decode_request(data)
# TODO: Deprecate the use of these names
SpiderQueue = FifoQueue
SpiderStack = LifoQueue
SpiderPriorityQueue = PriorityQueue
```

注意

> 队列模式的设置是在 defaults.py 中设置的，Redis 的默认设置为优先级队列。

（6）scheduler.py：URL 的调度器，通过 Redis 来实现，是 Scrapy-Redis 中的核心文件。它重写了 Scheduler 类，用来代替 Scrapy 原有的调度器，正是利用它来实现爬虫的分布式调度。从源码可以看出，scheduler.py 对原有调度器的逻辑没有太大的改变，主要是把 Redis 作为数据存储的媒介，以便达到各个爬虫之间的统一调度，源码剖析如下。

```
# 导入 importlib 模块
import importlib
import six
from scrapy.utils.misc import load_object
from . import connection, defaults
# TODO: add SCRAPY_JOB support
class Scheduler(object):
    # 定义 Redis-based 调度器
    def __init__(self, server,
                 persist=False,
                 flush_on_start=False,
                 queue_key=defaults.SCHEDULER_QUEUE_KEY,
                 queue_cls=defaults.SCHEDULER_QUEUE_CLASS,
                 dupefilter_key=defaults.SCHEDULER_DUPEFILTER_KEY,
                 dupefilter_cls=defaults.SCHEDULER_DUPEFILTER_CLASS,
                 idle_before_close=0,
                 serializer=None):
        # 初始化调度程序
        if idle_before_close < 0:
            raise TypeError("idle_before_close cannot be negative")
        self.server = server
        self.persist = persist
        self.flush_on_start = flush_on_start
```

```python
        self.queue_key = queue_key
        self.queue_cls = queue_cls
        self.dupefilter_cls = dupefilter_cls
        self.dupefilter_key = dupefilter_key
        self.idle_before_close = idle_before_close
        self.serializer = serializer
        self.stats = None
    def __len__(self):
        return len(self.queue)
    # 入口，传递给 Scheduler 使用
    @classmethod
    def from_settings(cls, settings):
        kwargs = {
            # 设置持久化
            'persist': settings.getbool('SCHEDULER_PERSIST'),
            # 设置清空的功能
            'flush_on_start': settings.getbool('SCHEDULER_FLUSH_ON_START'),
            'idle_before_close': settings.getint('SCHEDULER_IDLE_BEFORE_CLOSE'),
        }
        # 如果没有定义以下这些值，就使用默认值
        optional = {
            # TODO: Use custom prefixes for this settings to note that are
            # specific to scrapy-redis
            'queue_key': 'SCHEDULER_QUEUE_KEY',
            # 默认定义优先级队列，在 defaults.py 中可以设置
            'queue_cls': 'SCHEDULER_QUEUE_CLASS',
            # 设置去重
            'dupefilter_key': 'SCHEDULER_DUPEFILTER_KEY',
            # We use the default setting name to keep compatibility
            'dupefilter_cls': 'DUPEFILTER_CLASS',
            'serializer': 'SCHEDULER_SERIALIZER',
        }
        for name, setting_name in optional.items():
            val = settings.get(setting_name)
            if val:
                kwargs[name] = val
        # 把序列化器作为模块的路径
        if isinstance(kwargs.get('serializer'), six.string_types):
            kwargs['serializer'] = importlib.import_module(kwargs['serializer'])
        server = connection.from_settings(settings)
        # 确保连接正在工作
        server.ping()
        # 调用 cls 时传递参数 **kwargs
        return cls(server=server, **kwargs)
    @classmethod
```

```python
    def from_crawler(cls, crawler):
        instance = cls.from_settings(crawler.settings)
        # FIXME: for now, stats are only supported from this constructor
        instance.stats = crawler.stats
        return instance
    def open(self, spider):
        self.spider = spider
        try:
            self.queue = load_object(self.queue_cls)(
                server=self.server,
                spider=spider,
                key=self.queue_key % {'spider': spider.name},
                serializer=self.serializer,
            )
        except TypeError as e:
            raise ValueError("Failed to instantiate queue class '%s': %s",
                             self.queue_cls, e)
        self.df = load_object(self.dupefilter_cls).from_spider(spider)
        # 设置过滤器清空
        if self.flush_on_start:
            self.flush()
        # notice if there are requests already in the queue to resume the crawl
        if len(self.queue):
            spider.log("Resuming crawl (%d requests scheduled)" %
                       len(self.queue))
    def close(self, reason):
        if not self.persist:
            self.flush()
    def flush(self):
        self.df.clear()
        self.queue.clear()
    # 调用 queue 的 push 方法，将数据放入队列中去
    def enqueue_request(self, request):
        if not request.dont_filter and self.df.request_seen(request):
            self.df.log(request, self.spider)
            return False
        if self.stats:
            self.stats.inc_value('scheduler/enqueued/redis', spider=self.spider)
        self.queue.push(request)
        return True
    # 获取下一个 request，调用 queue 的 pop 方法，将数据从队列中输出
    def next_request(self):
        block_pop_timeout = self.idle_before_close
        request = self.queue.pop(block_pop_timeout)
        if request and self.stats:
```

```
        # 设置中间状态，设置 Spider
        self.stats.inc_value('scheduler/dequeued/redis', spider=self.spider)
    return request
def has_pending_requests(self):
    return len(self) > 0
```

（7）spider.py：读取 start_urls 时，是通过 Redis 来读取的，它是分布式爬虫的入口代码，源码剖析如下。

```python
from scrapy import signals
from scrapy.exceptions import DontCloseSpider
from scrapy.spiders import Spider, CrawlSpider
from . import connection, defaults
from .utils import bytes_to_str
# 实现从 Redis 队列读取 URL
class RedisMixin(object):
    redis_key = None
    redis_batch_size = None
    redis_encoding = None
    server = None
    # 重新加载一个 start_requests 方法
    def start_requests(self):
        # 返回来自 Redis 的一批启动请求
        return self.next_requests()
    # 设置 Redis 连接和空闲信号，在爬行器设置其爬虫对象之后调用
    def setup_redis(self, crawler=None):
        if self.server is not None:
            return
        # 提出一个弃用警告
        if crawler is None:
            crawler = getattr(self, 'crawler', None)
        if crawler is None:
            raise ValueError("crawler is required")
        settings = crawler.settings
        if self.redis_key is None:
            self.redis_key = settings.get(
                'REDIS_START_URLS_KEY', defaults.START_URLS_KEY,
            )
        self.redis_key = self.redis_key % {'name': self.name}
        if not self.redis_key.strip():
            raise ValueError("redis_key must not be empty")
        if self.redis_batch_size is None:
            # TODO: Deprecate this setting (REDIS_START_URLS_BATCH_SIZE)
            self.redis_batch_size = settings.getint(
                'REDIS_START_URLS_BATCH_SIZE',
```

```
                    settings.getint('CONCURRENT_REQUESTS'),
            )
    try:
        self.redis_batch_size = int(self.redis_batch_size)
    except (TypeError, ValueError):
        raise ValueError("redis_batch_size must be an integer")
    if self.redis_encoding is None:
        self.redis_encoding = settings.get('REDIS_ENCODING',
                                            defaults.REDIS_ENCODING)
    self.logger.info("Reading start URLs from redis key '%(redis_key)s' "
                "(batch size: %(redis_batch_size)s, "
                    encoding: %(redis_encoding)s",
                    self.__dict__)
    self.server = connection.from_settings(crawler.settings)
    # 当爬行器没有剩余的请求时，就会调用空闲信号，这时将调度来自 Redis 队列的新请求
    crawler.signals.connect(self.spider_idle, signal=signals.spider_idle)
# 从设置中获取 START_URLS
def next_requests(self):
    # 初始化时，设置 REDIS_START_URLS_AS_SET 的值
    use_set = self.settings.getbool('REDIS_START_URLS_AS_SET',
                                    defaults.START_URLS_AS_SET)
    fetch_one = self.server.spop if use_set else self.server.lpop
    found = 0
    # TODO: Use redis pipeline execution
    while found < self.redis_batch_size:
        data = fetch_one(self.redis_key)
        if not data:
            # Queue empty
            break
        req = self.make_request_from_data(data)
        if req:
            yield req
            found += 1
        else:
            self.logger.debug("Request not made from data: %r", data)
    if found:
        self.logger.debug("Read %s requests from '%s'", found, self.redis_key)
def make_request_from_data(self, data):
    # 为了兼容 Python 3
    url = bytes_to_str(data, self.redis_encoding)
    return self.make_requests_from_url(url)
def schedule_next_requests(self):
    """Schedules a request if available"""
    # TODO: While there is capacity, schedule a batch of redis requests
    for req in self.next_requests():
```

```
        self.crawler.engine.crawl(req, spider=self)

    def spider_idle(self):
        """Schedules a request if available, otherwise waits."""
        # XXX: Handle a sentinel to close the spider
        self.schedule_next_requests()
        raise DontCloseSpider
# 继承 RedisSpider 时继承的是 RedisMixin,定义技术爬取的 Spider
class RedisSpider(RedisMixin, Spider):
    @classmethod
    def from_crawler(self, crawler, *args, **kwargs):
        obj = super(RedisSpider, self).from_crawler(crawler, *args, **kwargs)
        obj.setup_redis(crawler)
        return obj
# 定义全栈爬取的 Spider
class RedisCrawlSpider(RedisMixin, CrawlSpider):
    @classmethod
    def from_crawler(self, crawler, *args, **kwargs):
        obj = super(RedisCrawlSpider, self).from_crawler(crawler, *args, **kwargs)
        obj.setup_redis(crawler)
        return obj
```

（8）picklecompat.py：用来做序列化，它会将 request 和 Pipelines 等进行序列化。由于 Redis 数据库不能存储复杂对象（value 部分只能是字符串、字符串列表、字符串集合和 hash，key 部分只能是字符串），因此存储时需要先把对象序列（也称为串行）转化成文本，源码剖析如下。

```
# 兼容 Python 2 和 Python 3 的串行化工具
try:
    import cPickle as pickle  # PY2
except ImportError:
    import pickle
def loads(s):
    # 调用 Python 的标准库 pickle
    return pickle.loads(s)
def dumps(obj):
    # 调用 pickle 的 dumps
    return pickle.dumps(obj, protocol=-1)
```

（9）untils.py：为了兼容 Python 2 和 Python 3 而设置的，主要作用是把 bytes 转换成 str，源码剖析如下。

```
import six
# 把字节（bytes）转换成字符串（str）的编码格式
def bytes_to_str(s, encoding='utf-8'):
    if six.PY3 and isinstance(s, bytes):
```

```
        return s.decode(encoding)
    return s
```

最后总结一下 Scrapy-Redis 的分布式爬虫实现思路：首先构建 Scrapy 项目，然后将 Scrapy-Redis 整合进 Scrapy 项目中，最后进行分布式部署。分布式部署包括：主计算机（主节点）安装 Redis 数据库；从计算机（子节点）均安装 Python、Scrapy、Scrapy-Redis、Python 的 redis 模块；主计算机（主节点）将分配好的 request 部署到从计算机（子节点）；从计算机（子节点）分别运行分布式爬虫项目。

9.4.2 Redis 的详细讲解

Redis 的基本安装及启动，在第 3 章中已经做了介绍。现在将对 Redis 进行详细讲解。Redis 是速度非常快的非关系型（NoSQL）内存键值数据库，可以存储键和 5 种不同类型的值之间的映射。就 Redis 技术而言，它的性能十分优越，可以支持每秒十几万次的读 / 写操作，其性能远超数据库，而且还支持集群、分布式、主从同步等配置，原则上可以无限扩展，让更多的数据存储在内存中，另外，它还支持一定的事务能力，这就保证了高并发场景下数据的安全性和一致性。

下面通过示例代码来演示 Python 是如何操作 Redis 的。

（1）操作字符串 string，新建 redis_demo.py，示例代码如下。

```python
# 引入 redis 模块的 StrictRedis 和 ConnectionPool 方法
from redis import StrictRedis, ConnectionPool
# 引入时间模块
import time
# 连接 Redis 数据库
pool = ConnectionPool(host='127.0.0.1', port=6379, db=0, password='')
key = StrictRedis(connection_pool=pool)
# 设置 key 名为 name 的值为 Linda
key.set('name', 'Linda')
# 打印 key 名为 name 的值
print(key.get('name'))
# 清空 Redis
key.flushall()
print(key.get('name'))
# 设置 key 名为 password 的值为 1111，过期时间为 2 秒
key.setex('password', value='1111', time=2)
print(key.get('password'))
# 批量设置新值
key.mset(A1='v1', A2='v2', A3='v3')
# 批量获取新值
print(key.mget('A1', 'A2', 'A3', 'A4'))
# 设置新值并获取原来的值
```

```python
print(key.getset('password', 'lindaying'))
# 获取子序列 0 <= x <= 1
print(key.getrange('password', 0, 4))
# 修改字符串内容，从指定字符串索引开始向后替换（当新值太长时，则向后添加），返回值的长度
key.setrange('password', 0, 'linda')
j=0
while j < 5:
    print(key.get('password'))
    time.sleep(1)
    j += 1
source = 'qing'
key.set('m1', source)
key.setbit('m1', 7, 1)
print(key.get('m1'))
# 获取 n1 对应的值的二进制表示中的某位的值（0 或 1）
print(key.getbit('m1', 7))
key.set('m2', ' 小百货 ')
# 返回对应的字节长度（一个汉字 3 个字节）
len = key.strlen('m2')
print(len)
key.set('num', 1)
key.incr('num', amount=10)
key.decr('num', amount=1)
# 自增 num 对应的值，当 name 不存在时，创建 name = amount，否则自增
print(key.get('num'))
# 在 Redis num 对应的值后面追加内容
key.append('num', 112)
print(key.get('num'))
```

运行 redis_demo.py，输出结果如下。

```
b'Linda'
None
b'1111'
[b'v1', b'v2', b'v3', None]
b'1111'
b'linda'
b'lindaying'
b'lindaying'
b'lindaying'
b'lindaying'
b'lindaying'
b'qing'
1
9
```

```
b'10'
b'10112'
Process finished with exit code 0
```

（2）操作列表 lists，新建 redis_demo2.py，示例代码如下。

```python
# 引入 redis 模块的 StrictRedis 和 ConnectionPool 方法
from redis import StrictRedis, ConnectionPool
# 连接 Redis 数据库
pool = ConnectionPool(host='127.0.0.1', port=6379, db=0, password='')
key = StrictRedis(connection_pool=pool)
# 清空 Redis
key.flushall()
# 在 name 对应的 list 中添加元素，只有 name 已经存在时，值添加到列表的最左边
key.lpush('oo', 111)
key.lpushx('oo', 000)
# name 对应的 list 元素的个数
print(key.llen('oo'))
# 在 111 之前插入值 999
key.linsert('oo', 'before', 111, 999)
# 对 name 对应的 list 中的某一个索引位置重新赋值
key.lset('oo', 1, 888)
# 打印在 name 对应的列表分片获取的数据
print(key.lrange('oo', 0, -1))
# 打印在 name 对应的列表的左侧获取第一个元素并在列表中移除，返回值则是第一个元素
print(key.lpop('oo'))
# 打印在 name 对应的列表中根据索引获取列表元素
print(key.lindex('oo', 0))
# index 为 0
key.lpush('list', 111)
key.rpush('list', 222)
key.rpush('list', 333)
key.rpush('list', 444)
# index 为 4
key.rpush('list', 555)
# 在 name 对应的列表中移除没有在 [start-end] 索引之间的值
key.ltrim('list', 1, 3)
print(key.lrange('list', 0, -1))
# 从一个列表取出最右边的元素，同时将其添加至另一个列表的最左边；src 为要取数据的列表的 name,
# dst 为要添加数据的列表的 name
key.rpoplpush('list', 'list')
print(key.lrange('list', 0, -1))
# timeout, 当 src 对应的列表中没有数据时，阻塞等待其有数据的超时时间（秒），0 表示永远阻塞
key.brpoplpush('list', 'list', timeout=3)
print(key.lrange('list', 0, -1))
```

```
# 从列表头部取出第一个元素，返回该元素值并从列表删除（l 代表 left，左边）
print(key.blpop('list', 3))
print(key.lrange('list', 0, -1))
print(' 自定义增量：')
key.flushall()
# index 为 0
key.lpush('list', 111)
key.rpush('list', 222)
key.rpush('list', 333)
key.rpush('list', 444)
# index 为 4
key.rpush('list', 555)
def list_iter(name):
    list_count = key.llen(name)
    for index in range(list_count):
        yield key.lindex(name, index)
for item in list_iter('list'):
    print(item)
```

运行 redis_demo2.py，输出结果如下。

```
2
[b'0', b'888', b'111']
b'0'
b'888'
[b'222', b'333', b'444']
[b'444', b'222', b'333']
[b'333', b'444', b'222']
(b'list', b'333')
[b'444', b'222']
自定义增量：
b'111'
b'222'
b'333'
b'444'
b'555'
Process finished with exit code 0
```

（3）操作集合 sets，它是无重复元素的无序集合。新建 redis_demo3.py，示例代码如下。

```
# 引入 redis 的模块 StrictRedis 和 ConnectionPool 方法
from redis import StrictRedis, ConnectionPool
# 连接 Redis 数据库
pool = ConnectionPool(host='127.0.0.1', port=6379, db=0, password='')
key = StrictRedis(connection_pool=pool)
# 清空 Redis
```

```
key.flushall()
# name 对应的集合 k1 中添加元素
key.sadd('k1', 'v1', 'v2', 'v2', 'v3')
# name 对应的集合 k2 中添加元素
key.sadd('k2', 'v2', 'v4')
# 打印获取 name 对应的集合中的元素个数
print(key.scard('k1'))
# 打印在第一个 name 对应的集合中且不在其他 name 对应的集合的元素集合
print(key.sdiff('k1', 'k2'))
# 获取第一个 name 对应的集合中且不在其他 name 对应的集合，再将其新加入 dest 对应的集合中
key.sdiffstore('k3', 'k1', 'k2')
# 打印获取 k3 对应的集合的所有成员
print(key.smembers('k3'))
# 打印获取 k1、k2 对应集合的交集
print(key.sinter('k1', 'k2'))
# 获取 k1、k2 对应集合的交集，并将其存放到集合 k4 中
key.sinterstore('k4', 'k1', 'k2')
print(key.smembers('k4'))
# 打印获取 k1、k2 对应集合的并集
print(key.sunion('k1', 'k2'))
# 获取 k1、k2 对应集合的交集，并将其存放到集合 k5 中
key.sunionstore('k5', 'k1', 'k2')
print(key.smembers('k5'))
# 打印检查 value 是否是 name 对应的集合的成员
print(key.sismember('k4', 'v4'))
# 将集合 k2 中成员 v4 移至集合 k1 中
key.smove('k2', 'k1', 'v4')
print(key.smembers('k1'))
# 在 name 对应的集合中删除某些值
key.srem('k1', 'v1')
# 打印从集合的右侧（尾部）移除一个成员，并将其返回。注意：由于集合是无序的，因此结果是随机的
print(key.spop('k1'))
# 从 name 对应的集合中随机获取 numbers 个元素
print(key.srandmember('k1'))
```

运行 redis_demo3.py，输出结果如下。

```
3
{b'v1', b'v3'}
{b'v1', b'v3'}
{b'v2'}
{b'v2'}
{b'v1', b'v4', b'v3', b'v2'}
{b'v1', b'v4', b'v3', b'v2'}
False
```

```
{b'v1', b'v4', b'v3', b'v2'}
b'v4'
b'v3'
Process finished with exit code 0
```

（4）操作有序集合 sorted sets，新建 redis_demo4.py，示例代码如下。

```python
# 引入 redis 模块的 StrictRedis 和 ConnectionPool 方法
from redis import StrictRedis, ConnectionPool
# 连接 Redis 数据库
pool = ConnectionPool(host='127.0.0.1', port=6379, db=0, password='')
key = StrictRedis(connection_pool=pool)
# 清空 Redis
key.flushall()
# 在 name 对应的有序集合中添加元素
key.zadd('k1', '111', 1, '222', 2, '333', 3, '444', 4, '555', 5, '666', 6,
         '444', 7)
# 获取 name 对应的有序集合中元素的数量
print(key.zcard('k1'))
# 获取 name 对应的有序集合中分数在 [min, max] 之间的个数
print(key.zcount('k1', 200, 400))
# 自增 name 对应的有序集合中 name 对应的分数
key.zincrby('k1', '111', amount=5)
# 值 111 被排序到最后；此处表示按元素的值升序排列
print(key.zrange('k1', 0, -1, desc=False, withscores=True))
# 获取某个值在 name 对应的有序集合中的排序（从 0 开始）
print(key.zrank('k1', 2))
# 删除 name 对应的有序集合中值是 values 的成员
key.zrem('k1', '444')
# 按元素的值降序排列
print(key.zrevrange('k1', 0, -1, withscores=True))
# 根据排序范围删除
key.zremrangebyrank('k1', 0, 1)
print(key.zrange('k1', 0, -1, desc=False, withscores=True))
# 根据分数范围删除
key.zremrangebyscore('k1', 300, 500)
print(key.zrange('k1', 0, -1, desc=False, withscores=True))
# 获取 name 对应的有序集合中 value 对应的分数
print(key.zscore('k1', 200))
```

运行 redis_demo4.py，输出结果如下。

```
7
2
[(b'111', 5.0), (b'1', 111.0), (b'2', 222.0), (b'3', 333.0),
 (b'4', 444.0), (b'7', 444.0), (b'5', 555.0), (b'6', 666.0)]
```

```
2
[(b'6', 666.0), (b'5', 555.0), (b'7', 444.0), (b'4', 444.0),
 (b'3', 333.0), (b'2', 222.0), (b'1', 111.0), (b'111', 5.0)]
[(b'2', 222.0), (b'3', 333.0), (b'4', 444.0), (b'7', 444.0),
 (b'5', 555.0), (b'6', 666.0)]
[(b'2', 222.0), (b'5', 555.0), (b'6', 666.0)]
None
Process finished with exit code 0
```

（5）操作散列hashes，一个name对应一个dic字典来存储。新建redis_demo5.py，示例代码如下。

```
# 引入 redis 模块的 StrictRedis 和 ConnectionPool 方法
from redis import StrictRedis, ConnectionPool
# 连接 Redis 数据库
pool = ConnectionPool(host='127.0.0.1', port=6379, db=0, password='')
key = StrictRedis(connection_pool=pool)
# 清空 Redis
key.flushall()
# hset(name, key, value)，在 name 对应的 hash 中设置一个键值对（不存在，则创建，否则修改）
key.hset('m1', 'k1', 'v1')
print(key.hget('m1', 'k1'))
# hmset(name, mapping)，在 name 对应的 hash 中批量设置键值对
key.hmset('m2', {'k1': 'v1', 'k2': 'v2', 'k3': 'v3'})
print(key.hmget('m2', 'k2'))
# 获取 name 对应 hash 的所有键值
print(key.hgetall('m2'))
# 获取 name 对应的 hash 中键值对的个数
print(key.hlen('m2'))
# 获取 name 对应的 hash 中所有的 key 的值
print(key.hkeys('m2'))
# 获取 name 对应的 hash 中所有的 value 的值
print(key.hvals('m2'))
# 检查 name 对应的 hash 是否存在当前传入的 key
print(key.hexists('m2', 'k4'))
# 将 name 对应的 hash 中指定 key 的键值对删除
key.hdel('m2', 'k3')
key.hset('m3', 'k1', 1)
# hincrby(name, key, amount=1)，自增 name 对应的 hash 中指定 key 的 value 的值，
# 不存在，则创建 key=amount
key.hincrby('m3', 'k1', amount=1)
print(key.hgetall('m3'))
```

运行 redis_demo5.py，输出结果如下。

```
b'v1'
[b'v2']
```

```
{b'k1': b'v1', b'k2': b'v2', b'k3': b'v3'}
3
[b'k1', b'k2', b'k3']
[b'v1', b'v2', b'v3']
False
{b'k1': b'2'}
Process finished with exit code 0
```

9.5 本章小结

  本章首先介绍了分布式系统的概念及要点；然后介绍了如何使用 Gerapy 管理分布式爬虫；接着通过 Scrapyd 部署 Scrapy 的爬虫项目，简单高效地监控分布式爬虫项目；之后介绍了 Scrapy-Redis，并通过对其源码进行深入剖析，深入了解 Scrapy-Redis 是如何实现分布式爬虫的；最后通过对 Redis 数据库的详细讲解，使读者更能游刃有余地去设计 Scrapy 的分布式部署和爬取。

第10章

分布式的实战项目

Scrapy-Redis 是一个基于 Redis 的 Scrapy 分布式组件。它利用 Redis 对用于爬取的请求（requests）进行存储和调度（Schedule），并存储爬取产生的项目（items）以供后续处理使用。Scrapy-Redis 分布式需要解决的问题是，request 队列的集中管理和去重集中管理。本章将通过案例：博客园的问题信息的分布式爬取，实现主从分布式爬虫。

10.1 搭建 Redis 服务器

Scrapy-Redi 重写了 Scrapy 一些比较关键的代码，将 Scrapy 变成一个可以在多个服务器上同时运行的分布式爬虫。在本项目中将使用两台机器，一台是 Windows 10，另一台是 CentOS 7，分别在两台机器上部署 Scrapy 来进行分布式爬取一个网站：博客园的问题信息板块。将 CentOS 7 的 IP 地址记录下来，用来作为 Redis 的 Master（主服务器）端，Windows 10 的机器作为 Slave（从服务器）端。Windows 系统下 Redis 的安装及配置，在第 3 章中已经做了介绍。下面介绍一下 CentOS 7 的安装和配置 Redis 服务器的步骤，具体如下。

（1）运行命令"yum install redis -y"，安装完成后，默认启动 Redis 服务器。由于 Redis 默认是不能被远程连接的，此时要修改配置文件 /etc/redis.conf，代码如下。

```
# 注释 bind
# bind 127.0.0.1
```

（2）修改后，输入命令"systemctl restart redis"，重启 Redis 服务器。

> **注意**
>
> 在 CentOS 7 系统下启动 Redis 服务器的命令为 systemctl start redis，启动客户端的命令为 redis-cli。

（3）使用 Windows 系统的 CMD 命令行窗口进入 Redis 安装目录，输入以下命令。

```
redis-cli -h CentOS 7 的 IP 地址 -p 6379
```

远程连接 CentOS 7 的 Redis 服务器，测试是否能远程登录。如果出现如图 10.1 所示的信息，则表示登录成功。

图 10.1 远程登录 CentOS 7 的 Redis 服务器

10.2 创建主项目及配置 Scrapy-Redis

项目：用 Scrapy 实现主从分布式爬虫，爬取博客园的问题信息板块，URL 地址为 https://q.cnblogs.com。

创建 Master（主）项目，步骤如下。

（1）使用 Windows 系统的 CMD 命令行窗口进入需创建项目的目录，输入以下命令创建名为 masterredis 的项目。

```
scrapy startproject masterredis
```

（2）创建爬取 URL 的 Spider，输入以下命令。

```
scrapy genspider master q.cnblogs.com
```

（3）到 Scrapy-Redis 官网下载 Scrapy-Redis，如图 10.2 所示。

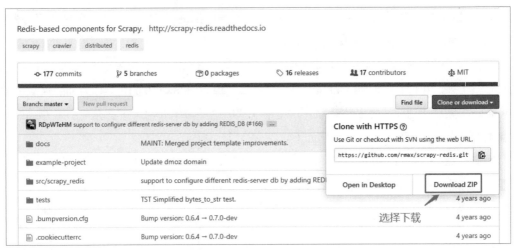

图 10.2　下载 Scrapy-Redis

解压下载好的 Scrapy-Redis 文件，并将其复制到主项目的根目录下。

（4）编辑 items.py 储存 URL 地址，代码如下。

```
import scrapy
class MasterredisItem(scrapy.Item):
    # 定义 URL 地址存储
    url = scrapy.Field()
```

（5）编辑爬虫文件：master.py，代码如下。

```
from scrapy.spiders import CrawlSpider, Rule
from scrapy import Request
from masterredis.items import MasterredisItem
from urllib import parse
class QuestionSpider(CrawlSpider):
    name = 'question'
    allowed_domains = ['q.cnblogs.com']
    start_urls = ['https://q.cnblogs.com']
```

```
    # Rule 是在定义提取链接的规则
    rules = (
        Rule(LinkExtractor(allow=('https://q.cnblogs.com/list/unsolved?page=
            [1-160]',)), callback='parse_item', follow=True),
    )
    def parse(self, response):
        item = MasterredisItem()
        no1 = response.url + '/list/unsolved?page=1'
        item['url'] = no1
        print(item)
        yield item
        next_url = response.xpath("//div[@id='pager']/a[last()]/text()").
            extract_first("")
        if next_url == "Next >":
            next_url = response.xpath("//div[@id='pager']/a[last()]/@href").
                extract_first("")
            item['url'] = response.url + next_url
            print(item)
            yield Request(url=parse.urljoin(response.url, next_url),
                meta={"item": item}, callback=self.parsenums, dont_filter=True)
        else:
            return
    def parsenums(self, response):
        print(response.url)
        item = response.meta.get("item", "")
        yield item
        # 提取下一页并交给 Scrapy 进行下载
        next_url = response.xpath("//div[@id='pager']/a[last()]/text()").
            extract_first("")
        print('next2:', next_url)
        if next_url == "Next >":
            next_url = response.xpath("//div[@id='pager']/a[last()]/@href").
                extract_first("")
            item['url'] = response.url + next_url
            print('next: ', item)
            yield Request(url=parse.urljoin(response.url, next_url),
                meta={"item": item}, callback=self.parsenums, dont_filter=True)
        else:
            return
```

（6）编辑 pipelines.py 实现存储爬取到的 URL 地址到 Redis 中，代码如下。

```
import redis, re
class MasterPipeline(object):
    def __init__(self, host, port):
```

```
        # 连接 Redis 数据库
        self.r = redis.Redis(host=host, port=port, decode_responses=True)
    @classmethod
    def from_crawler(cls, crawler):
        ''' 注入实例化对象（传入参数）'''
        return cls(
            host = crawler.settings.get("REDIS_HOST"),
            port = crawler.settings.get("REDIS_PORT"),
        )
    def process_item(self, item, spider):
        # 使用正则表达式判断 URL 地址是否有效，并写入 Redis
        if re.search('/list/unsolved?', item['url']):
            self.r.lpush('questionspider:start_urls', item['url'])
        else:
            self.r.lpush('questionspider:no_urls', item['url'])
```

（7）编辑 settings.py 配置文件，添加的代码如下。

```
# 设置下载延迟 5 秒
DOWNLOAD_DELAY = 5
ITEM_PIPELINES = {
    'masterredis.pipelines.MasterPipeline': 1,
    'scrapy_redis.pipelines.RedisPipeline': 2,
}
# 指定使用 Scrapy-Redis 去重
DUPEFILTER_CLASS = 'scrapy_redis.dupefilter.RFPDupeFilter'
# 指定使用 Scrapy-Redis 的调度器
SCHEDULER = "scrapy_redis.scheduler.Scheduler"
# 在 Redis 中保持 Scrapy-Redis 用到的各个队列，从而允许暂停和暂停后恢复，也就是不清理
# Redis queues
SCHEDULER_PERSIST = True
# 指定排序爬取地址时使用的队列，默认按优先级排序（Scrapy 默认），由 sorted set 实现的
# 一种非 FIFO、LIFO 方式
SCHEDULER_QUEUE_CLASS = 'scrapy_redis.queue.SpiderPriorityQueue'
REDIS_HOST = ' 主服务器的 ip 地址 '
REDIS_PORT = 6379
```

10.3 创建从项目及配置 Scrapy-Redis

本节将介绍在 Windows 10 系统中创建从项目及配置 Scrapy-Redis。

创建 Slave（从）项目，步骤如下。

（1）使用 Windows 系统的 CMD 命令行窗口进入需创建项目的目录，输入以下命令创建名为 masterredis 的项目。

```
scrapy startproject slaveredis
```

（2）创建爬取 URL 的 Spider，输入以下命令。

```
scrapy genspider slave q.cnblogs.com
```

（3）解压下载好的 Scrapy-Redis 文件，并将其复制到从项目的根目录下。

（4）编辑 items.py 储存 URL 地址，代码如下。

```
import scrapy
class AskquestionItem(scrapy.Item):
    title = scrapy.Field()
    author = scrapy.Field()
    reading = scrapy.Field()
    ask = scrapy.Field()
    datetime = scrapy.Field()
```

（5）编辑爬虫文件：slave.py，代码如下。

```
# 导入定义好的数据格式
from slaveredis.items import AskquestionItem
from scrapy_redis.spiders import RedisSpider
import time
class SlaveSpider(RedisSpider):
    # 定义爬虫名称
    name = 'slave'
    # 定义 Redis 键值
    redis_key = 'questionspider:start_urls'
    def __init__(self, *args, **kwargs):
        # 定义允许的 domains list
        domain = kwargs.pop('domain', '')
        self.allowed_domains = filter(None, domain.split(','))
        super(AskSpider, self).__init__(*args, **kwargs)
    # 按照规则爬取
    def parse(self, response):
        ask_item = AskquestionItem()
        try:
            post_nodes = response.xpath("//*[@id='main']//div[
                                        @class='one_entity']")
            for post_node in post_nodes:
                # 标题
                title = post_node.xpath('.//h2[@class="news_entry"]/a/text()').
                    extract_first("")
```

```
        ask_item['title'] = title.strip()
        # 作者
        author = post_node.xpath('.//div[@class="news_footer_user"]//
          a[@class="news_contributor"]/text()').extract_first("")
        ask_item['author'] = author.strip()
        # 浏览量
        reading = post_node.xpath('.//div[@class="news_footer_user"]/
          text()').extract()[4]
        ask_item['reading'] = reading.strip()
        # 回答数
        ask = post_node.xpath('.//div[@class="news_footer_user"]/a[
          @class="question-answer-count"]/text()').extract_first("")
        ask_item['ask'] = ask.strip()
        # 发表时间
        datetime = post_node.xpath('.//div[@class="news_footer_user"]/
          span/@title').extract_first("")
        ask_item['datetime'] = datetime
        yield ask_item
        time.sleep(5)
    except:
        return
```

（6）编辑 pipelines.py 实现存储爬取到的标题、作者、浏览量、回答数及发表时间到 MongoDB 中，代码如下。

```
# 导入 pymongo 模块
import pymongo
from laveredis.settings import mongo_host, mongo_port, mongo_db_name,
  mongo_db_collection
from laveredis.items import AskquestionItem
class SlavePipeline(object):
    def __init__(self):
        host = mongo_host
        port = mongo_port
        dbname = mongo_db_name
        dbcollection = mongo_db_collection
        # 进行 MongoDB 的链接
        client = pymongo.MongoClient(host=host, port=port)
        mydb = client[dbname]
        self.post = mydb[dbcollection]
    def process_item(self, item, spider):
        # 数据的插入，data 转换成字典（dict）
        if isinstance(item, AskquestionItem):
            data = dict(item)
            self.post.insert(data)
```

```
        return item
```

（7）编辑 settings.py 配置文件，添加的代码如下。

```
DOWNLOAD_DELAY = 5
ITEM_PIPELINES = {
    'slaveredis.pipelines.SlavePipeline': 1,
    'scrapy_redis.pipelines.RedisPipeline': 2,
}
# 指定使用 Scrapy-Redis 去重
DUPEFILTER_CLASS = 'scrapy_redis.dupefilter.RFPDupeFilter'
# 指定使用 Scrapy-Redis 的调度器
SCHEDULER = "scrapy_redis.scheduler.Scheduler"
# 在 Redis 中保持 Scrapy-Redis 用到的各个队列，从而允许暂停和暂停后恢复，也就是不清理
# Redis queues
SCHEDULER_PERSIST = True
# 指定排序爬取地址时使用的队列，默认按优先级排序（Scrapy 默认），由 sorted set 实现的
# 一种非 FIFO、LIFO 方式
SCHEDULER_QUEUE_CLASS = 'scrapy_redis.queue.SpiderPriorityQueue'
# 定义 MongoDB
mongo_host = "127.0.0.1"        # 数据库链接地址
mongo_port = 27017              # 数据库端口
mongo_db_name = 'slave'         # 数据库名
mongo_db_collection = 'question'  # 数据表名
```

（8）编辑 main.py 运行文件，代码如下。

```
from scrapy.cmdline import execute
import sys
import os
def start_scrapy():
    sys.path.append(os.path.dirname(__file__))
    execute(["scrapy", "crawl", "slave"])
if __name__ == '__main__':
    start_scrapy()
```

10.4 部署代理 IP 池及 User-Agent

在执行爬虫项目的过程中，经常会遇到网站对同样的 IP 或 User-Agent 进行限制，对频繁访问的 IP 进行限制，等等。所以，就需要部署代理 IP 池和 User-Agent，在主项目和从项目中都需要设置，具体步骤如下。

（1）在 Middleware 中定义随机请求头，毕竟 request 要经过中间件才能发送出去，代码如下。

```python
# 导入 random 模块
import random
class my_useragent(object):
    def process_request(self, request, spider):
        # 设置 User-Agent 列表
        USER_AGENT_LIST = [
            'Opera/9.20 (Macintosh; Intel Mac OS X; U; en)',
            'Opera/9.0 (Macintosh; PPC Mac OS X; U; en)',
            'iTunes/9.0.3 (Macintosh; U; Intel Mac OS X 10_6_2; en-ca)',
            'Mozilla/4.76 [en_jp] (X11; U; SunOS 5.8 sun4u)',
            'iTunes/4.2 (Macintosh; U; PPC Mac OS X 10.2)',
            'Mozilla/5.0 (Macintosh; Intel Mac OS X 10.8; rv:16.0) Gecko/
                20120813 Firefox/16.0',
            'Mozilla/4.77 [en] (X11; I; IRIX; 64 6.5 IP30)',
            'Mozilla/4.8 [en] (X11; U; SunOS; 5.7 sun4u)'
        ]
        # 随机生成 User-Agent
        agent = random.choice(USER_AGENT_LIST)
        # 设置 HTTP 头
        request.headers['User_Agent'] = agent
```

（2）在 Middleware 中定义代理 IP 池，这里用的是蜻蜓代理，代码如下。

```python
import urllib.request
class my_proxy(object):
    def process_request(self, request, spider):
        # 代理服务器
        proxyHost = "dyn.horocn.com"
        proxyPort = "50000"
        # 代理隧道验证信息
        proxyUser = " 你的用户名 "
        proxyPass = " 你的密码 "
        proxyMeta = "http://%(user)s:%(pass)s@%(host)s:%(port)s" % {
            "host": proxyHost,
            "port": proxyPort,
            "user": proxyUser,
            "pass": proxyPass,
        }
        proxy_handler = urllib.request.ProxyHandler({
            "http": proxyMeta,
            "https": proxyMeta,
        })
        opener = urllib.request.build_opener(proxy_handler)
        urllib.request.install_opener(opener)
```

（3）在 settings.py 中开启中间件，输入以下代码。

```
DOWNLOADER_MIDDLEWARES = {
    'askredis.middlewares.my_proxy': 1,
    'askredis.middlewares.my_useragent': 2,
}
```

这样，代理 IP 池及 User-Agent 就部署完成了。

10.5 执行程序

准备开始启动分布式爬虫，上传 Master（主）项目到 CentOS 7 主服务器，进入爬虫文件目录找到爬虫文件，输入以下命令。

```
scrapy runspider master.py
```

使用 Windows 系统的 CMD 命令行窗口进入 Redis 目录，输入以下命令。

```
# 设置起始 URL
redis-cli lpush question:start_urls https://q.cnblogs.com/list/unsolved?page=1
redis-cli -h *.*.*.* -p 6379   # *.*.*.* 为 CentOS 7 的 IP 地址，链接 CentOS 7
                               # 的 Redis 数据库
```

新建一个 CMD 命令行窗口进入 Slave（从）项目的目录，输入以下命令。

```
python main.py
```

如果出现如图 10.3 所示的信息，则表示 Slave（从）项目爬虫开始运行。

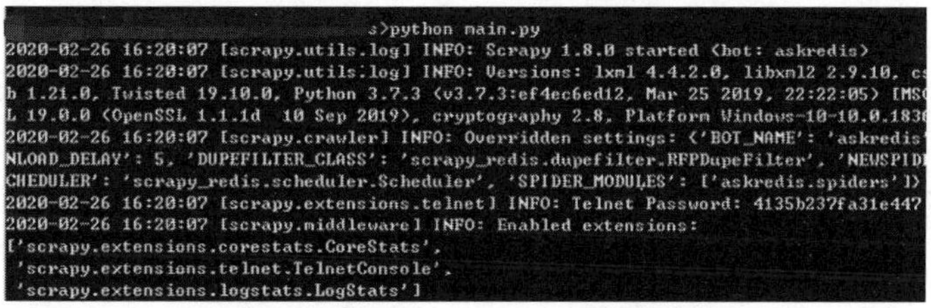

图 10.3　Slave（从）项目爬虫开始运行

注意

在多台计算机同时运行爬虫时必须连接同一个 Redis 数据库。

最终在 MongoDB 中生成数据，如图 10.4 所示。

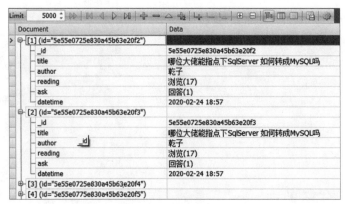

图 10.4　MongoDB 数据

这样，整个分布式爬虫的实战项目就完成了。

10.6　本章小结

本章用 Scrapy-Redis 主从分布式爬取博客园的问题信息，用实战项目的形式首先介绍了如何在 Windows 和 CentOS 7 系统中搭建 Redis 服务器；然后介绍了如何创建主从项目及配置 Scrapy-Redis；之后介绍了如何部署代理 IP 池及 User-Agent；最后介绍了如何启动分布式爬虫，并通过 MongoDB 查询结果。

第11章

用 Selenium 框架测试网站

本章将通过测试需求分析，介绍 Scrapy 的另一个功能：使用 Unittest 单元测试框架来进行 Web 自动化测试。

11.1 网站测试简介

对于网络公司而言，网站制作完成之后，并不代表着所有工作的结束，在正式上传到 Web 服务器上之前，还有一项很重要的工作要做，那就是对网站进行周密的测试。

网站测试的目的是尽可能多地发现浏览器端和服务器端程序中的错误并及时加以修正，以保证网站的质量。主要测试内容包括功能测试、性能测试、兼容性测试、可用性测试和安全性测试。在测试的过程中应及时的发现问题、修改问题，以保证在上线之后的正常浏览及使用。

11.2 用 Scrapy + Selenium 进行前端自动化测试

目前开发大型应用，测试是一个非常重要的环节，前端自动化测试尤为重要。为什么前端自动化测试如此重要？因为前端页面是整个应用的入口，它直接面向客户，而且更多时候体现的是与客户的互动和良好的有户体验，这与后端开发是有本质上区别的，后端更加关注的是数据，以及如何快速、安全的提供数据、存储数据。

下面来看前端自动化测试能解决的问题，具体如下。

（1）前端需要模拟大量的交互事件，而前端做的更多的是与用户进行互动，那么自动化测试时就可以模拟大量的用户行为。

（2）由于如今运行前端的浏览器种类太多，如 IE、Chrome、Firefox、QQ 浏览器等，这样就意味着需要去适配不同的浏览器，而自动化测试时可以使用多浏览器执行测试用例。

（3）强迫开发者编写更容易被测试的代码，提高代码质量：无论是前端还是后端，只要是用代码写的，都需要进行自动化测试。测试需要伴随整个开发过程，不能全部将发现问题的时间堆到测试部门介入后，这样一来产品测试的风险会很大，有可能会被退回来重新编写代码，严重影响产品发布。

（4）为核心功能编写测试后可以保障项目的可靠性。

（5）编写的测试有文档的作用，方便维护。

Selenium 就是一款可以录制用户操作，帮助 Web 测试人员简化重复劳动的工具。Selenium 主要包括以下功能。

（1）测试与浏览器的兼容性：测试应用程序能否兼容工作在不同浏览器和操作系统之上。

（2）测试系统功能：录制用例自动生成测试脚本，用于回归功能测试或系统用例说明。

本节将用 Scrapy + Selenium 进行测试项目实战开发。其中，使用 Unittest 单元测试框架来进行 Web 自动化测试，其基础架构如图 11.1 所示。

图 11.1　Unittest 的基础架构

用 Scrapy + Selenium 进行测试项目实战开发，其过程如图 11.2 所示。

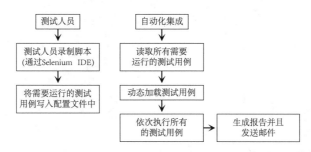

图 11.2　测试项目实战开发过程

11.2.1 测试需求分析

项目实战：用 Scrapy + Selenium 搭建一个用户注册页面（网页地址为 https://www.qingyingtech.com/register.php）的测试用例。

验证注册页面的基本功能实现及测试功能点如下。

（1）用浏览器打开注册页面，地址为 https://www.qingyingtech.com/register.php。

（2）测试功能点：在此页面定位用户名输入框，随机输入用户名。

（3）测试功能点：在此页面定位密码输入框，随机输入密码。

（4）测试功能点：在此页面定位邮件地址输入框，随机输入邮件地址。

（5）测试功能点：在此页面定位验证码输入框，输入验证码。

（6）测试功能点：获取随机生成的图片验证码，解析图片生成的验证码。

（7）测试功能点：最后自动单击注册。

注册页面的自动化测试方案如图 11.3 所示。

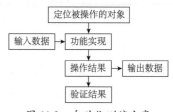

图 11.3　自动化测试方案

11.2.2 常用的元素定位方法、操作方法

常用的元素定位方法如下。

（1）id 定位：find_element_by_id()。id 在 HTML 界面中是唯一的存在。例如，在浏览器中打开 https://www.qingyingtech.com/register.php 网页，按 "F12" 键，获取的定位元素如图 11.4 所示。

（2）class 定位：find_element_by_class_name()。例如，在浏览器中打开 https://www.qingyingtech.com/register.php 网页，按 "F12" 键，获取的定位元素如图 11.5 所示。

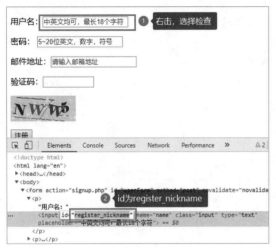

图 11.4　获取 id 名　　　　　　　　　　图 11.5　获取 class 名

（3）name 定位：find_element_by_name()，根据元素的 name 属性来定位。

（4）link 定位：find_element_by_link_text(self, link_text)，专门用来定位文本链接。

（5）partial_link 定位：find_element_by_partial_link_text(self, link_text)，partial_link 定位是对 link 定位的一种补充，有些文本链接会比较长，这时就可以取文本链接的一部分定位，只要这一部分信息可以唯一地标识这个链接。

（6）XPath 定位：find_element_by_xpath(' 元素定位表达式 ')。

（7）CSS 定位：find_element_by_css_selector(self, css_selector)。

（8）By 定位：driver.find_element(By. 定位方式，' 元素定位表达式 ')。

常用的操作方法如下。

（1）clear()：清除元素的内容。

（2）send_keys()：模拟按键输入数据。

（3）click()：单击元素。

（4）submit()：提交表单。

（5）size()：获取元素的尺寸。

（6）text()：获取元素的文本。

（7）get_attribute(name)：获取属性值。

（8）location()：获取元素坐标，先找到要获取的元素，再调用该方法。

（9）page_source()：返回页面源码。

（10）driver.title()：返回页面标题。

（11）current_url()：获取当前页面的 URL。

（12）is_displayed()：设置该元素是否可见。

（13）is_enabled()：判断元素是否被使用。

（14）is_selected()：判断元素是否被选中。

11.2.3 解决验证码问题

目前很多网站都有验证码的功能，在用户登录或注册时都要求用户输入验证码，验证码的类型很多。在做自动化测试时，对于测试人员来说验证码有很多解决方式。下面介绍几种处理验证码的方法。

（1）网站在要测试的页面去掉验证码：当然这是最简单的方法，对于开发人员来说，只需要把验证码的相关代码注释掉即可。虽然在测试环境中，这样做可省去测试人员的不少麻烦，但是如果自动化脚本在正式环境中运行，则会给系统带来一定的风险。

（2）设置一个万能码：在网页程序中留一个"后门"——设置一个"万能验证码"，只要用户输入这个"万能验证码"，程序就认为验证通过，否则按照原先的验证方式进行验证。

（3）使用验证码识别的程序：可以通过 Python 的 Pytesseract 来识别图片验证码，Pytesseract 是光学字符识别 Tesseract OCR 引擎的 Python 封装类，能够读取任何常规的图片文件（JPG、GIF、PNG、TIFF 等）。不过，目前市面上的验证码形式繁多，图片文件有时还含有干扰性，所以 Pytesseract 还不能达到完全识别的程度。互联网上有很多公司在做图片识别的业务，可以对接调用它的 API，进行图片识别，这样可以使识别率大大提高。

本项目是用第 3 种方式，即使用验证码识别的程序来进行图片识别。如何调用互联网上公司的 API 进行图片识别，代码如下。

```
import json
import requests
import base64
from io import BytesIO
from PIL import Image
from sys import version_info
def base64_api(uname, pwd,  img):
```

```
    img = img.convert('RGB')
    buffered = BytesIO()
    img.save(buffered, format="JPEG")
    if version_info.major >= 3:
        b64 = str(base64.b64encode(buffered.getvalue()), encoding='utf-8')
    else:
        b64 = str(base64.b64encode(buffered.getvalue()))
    data = {"username": uname, "password": pwd, "image": b64}
    result = json.loads(requests.post("http://api.ttshitu.com/base64",
                        json=data).text)
    if result['success']:
        return result["data"]["result"]
    else:
        return result["message"]
    return ""
if __name__ == "__main__":
    img_path = " 图片地址 "
    img = Image.open(img_path)
    result = base64_api(uname=' 用户名 ', pwd=' 密码 ', img=img)
    print(result)
```

11.2.4 脚本编写及代码封装

首先完成该网站注册页面的自动化脚本编写及代码封装，代码如下。

```
# coding = utf-8
import time
import random
from PIL import Image
from selenium import webdriver
import json
import requests
import base64
from io import BytesIO
from sys import version_info
from selenium.webdriver.support import expected_conditions as EC
from selenium.webdriver.support.wait import WebDriverWait
from selenium.webdriver.common.by import By
# 实例化 driver
driver = webdriver.Chrome()
# driver 初始化
def driver_init():
    driver.get("https://www.qingyingtech.com/register.php")
    # 最大化窗口
```

```
    driver.maximize_window()
    time.sleep(5)
# 封装定位元素，获取 element 信息
def get_element(id):
    element = driver.find_element_by_id(id)
    return element
# 获取随机数用户名
def get_range_user():
    user_info = ''.join(random.sample('1234567890abcdefghijklmnopqrstuvwxyz', 8))
    return user_info
# 获取随机数邮箱
def get_range_email():
    user_email = ''.join(random.sample('1234567890abcdefghijklmnopqrstuvwxyz',
                         8)) + "@163.com"
    return user_email
# 验证码读取
def base64_api(uname, pwd, img):
    img = img.convert('RGB')
    buffered = BytesIO()
    img.save(buffered, format="JPEG")
    if version_info.major >= 3:
        b64 = str(base64.b64encode(buffered.getvalue()), encoding='utf-8')
    else:
        b64 = str(base64.b64encode(buffered.getvalue()))
    data = {"username": uname, "password": pwd, "image": b64}
    result = json.loads(requests.post("http://api.ttshitu.com/base64",
                        json=data).text)
    if result['success']:
        return result["data"]["result"]
    else:
        return result["message"]
    return ""
# 获取图片
def get_range_img():
    # 定义文件下载位置及名称
    filename = "E:/Linda/python37/test/ceshi/capacha.png"
    # 定义图片地址及名称
    image_add = "E:/Linda/python37/test/ceshi/capacha2.png"
    driver.save_screenshot(filename)
    code_element = driver.find_element_by_id("getcode_num")
    left = code_element.location['x']
    top = code_element.location['y']
    right = code_element.size['width'] + left
    height = code_element.size['height'] + top
```

```python
    im = Image.open(filename)
    # 按一定的坐标裁剪
    img = im.crop((left, top, right, height))
    img.save(image_add)
    return image_add
# 解析图片获取验证码
def code_online(image_add):
    img_path = image_add
    img = Image.open(img_path)
    result = base64_api(uname='qingying', pwd='linda1221', img=img)
    print(result)
    return result


# 运行主程序
def run_main():
    user_name = get_range_user()
    user_email = get_range_email()
    user_password = "666666"
    driver_init()
    try:
        locator = (By.CLASS_NAME, "input")
        # 判断传入的元素是否可见
        WebDriverWait(driver, 10).until(EC.visibility_of_element_located(locator))
        print(" 网页正确 ")
        get_element("register_nickname").send_keys(user_name)
        get_element("register_email").send_keys(user_email)
        get_element("register_password").send_keys(user_password)
        image_add = get_range_img()
        text = code_online(image_add)
        get_element("validate").send_keys(text)
        time.sleep(3)
        get_element("submit").click()
        time.sleep(3)
        driver.close()
    except:
        print(" 网页错误 ")
        time.sleep(2)
        driver.close()
# 调用主程序
run_main()
```

11.2.5 以配置文件形式实现定位设计

当网页中的元素信息发生变化时，如元素的 id 或 class 的名称发生变化，都需要去变更脚本的源代码，这样会比较麻烦。一般来说，去设置配置文件，把定位元素的信息放到配置文件中即可。当元素变化时，只需要改变配置文件，而不用去修改源代码。

通过读取配置文件来读取定位信息的步骤如下。

（1）创建配置文件：新建一个文件夹 config，在 config 文件夹中新建 LocalElement.ini 配置文件。在 Python 中的配置文件，最好用 INI 格式，这样读取或写入会非常方便。输入的代码如下。

```
[RegisterElement]
user_email = id>register_email
user_name = id>register_nickname
passwoed = id>register_password
code_image = id>getcode_num
code_text = id>validate
```

其中，RegisterElement 为节点。

（2）新建 Util 文件夹，在此文件夹中新建 read_ini.py 用于重构封装读取配置，代码如下。

```
# coding = utf-8
import configparser
# 把代码按照一定的格式封装起来，继承 object
class ReadIni(object):
    # 定义构造函数
    def __init__(self, file_name=None, node=None):
        if file_name == None:
            file_name = "E:/Linda/python37/test/ceshi/config/LocalElement.ini"
        if node == None:
            self.node = 'RegisterElement'
        else:
            self.node = node
        self.cf = self.load_ini(file_name)
    # 加载文件
    def load_ini(self, file_name):
        cf = configparser.ConfigParser()
        # 调用配置文件，读取对象
        cf.read(file_name)
        return cf
    # 获取 value 的值
    def get_value(self, key):
        data = self.cf.get(self.node, key)
        return data
```

```
if __name__ == '__main__':
    read_init = ReadIni()
```

（3）新建 find_element.py 用于封装定位元素（类名：FindElement），代码如下。

```
# coding = utf-8
from util.read_ini import ReadIni
# 封装类
class FindElement(object):
    # 定义构造函数
    def __init__(self, driver):
        self.driver = driver
    def get_element(self, key):
        # 实例化 ReadIni
        read_ini = ReadIni()
        data = read_ini.get_value(key)
        # 定位方式
        by = data.split('>')[0]
        # 定位值
        value = data.split('>')[1]
        try:
            if by == 'id':
                return self.driver.find_element_by_id(value)
            elif by == 'name':
                return self.driver.find_element_by_name(value)
            elif by == 'className':
                return self.driver.find_element_by_class_name(value)
            else:
                return self.driver.find_element_by_xpath(value)
        except:
            return None
```

11.2.6 将整个注册流程脚本进行模块化实战

通过上面封装好的各段代码，下面新建一个 register_function.py 将整个注册流程脚本进行模块化，并且当注册失败时进行截屏处理，代码如下。

```
# coding = utf-8
from selenium import webdriver
import time
import random
import base64
import json
import requests
```

```python
from io import BytesIO
from sys import version_info
from PIL import Image
from find_element import FindElement
class RegisterFunction(object):
    # 定义构造函数
    def __init__(self, url):
        self.driver = self.get_driver(url)
    # 获取 driver，并打开 URL
    def get_driver(self, url):
        driver = webdriver.Chrome()
        driver.get(url)
        driver.maximize_window()
        return driver
    # 输入用户信息
    def send_user_info(self, key, data):
        self.get_user_element(key).send_keys(data)
    # 定位用户信息，获取 element
    def get_user_element(self, key):
        find_element = FindElement(self.driver)
        user_element = find_element.get_element(key)
        return user_element
    # 获取随机数用户名
    def get_range_user(self):
        user_info = ''.join(random.sample('1234567890abcdefghijklmnopqrstuvwxyz', 8))
        return user_info
    # 获取随机数邮箱
    def get_range_email(self):
        user_email = ''.join(random.sample('1234567890abcdefghijklmnopqrstuvwxyz',
                            8)) + "@163.com"
        return user_email
    # 验证码读取
    def base64_api(self, uname, pwd, img):
        img = img.convert('RGB')
        buffered = BytesIO()
        img.save(buffered, format="JPEG")
        if version_info.major >= 3:
            b64 = str(base64.b64encode(buffered.getvalue()), encoding='utf-8')
        else:
            b64 = str(base64.b64encode(buffered.getvalue()))
        data = {"username": uname, "password": pwd, "image": b64}
        result = json.loads(requests.post("http://api.ttshitu.com/base64",
                            json=data).text)
        if result['success']:
            return result["data"]["result"]
```

```python
        else:
            return result["message"]
    return ""
# 获取图片
def get_range_img(self, filename, image_add):
    # 截屏处理
    self.driver.save_screenshot(filename)
    code_element = self.get_user_element("code_image")
    left = code_element.location['x']
    top = code_element.location['y']
    right = code_element.size['width'] + left
    height = code_element.size['height'] + top
    im = Image.open(filename)
    # 按一定的坐标裁剪
    img = im.crop((left, top, right, height))
    img.save(image_add)
    return image_add
# 解析图片获取验证码
def code_online(self, image_adds):
    img_path = image_adds
    img = Image.open(img_path)
    result = self.base64_api(uname='qingying', pwd='linda1221', img=img)
    print(result)
    return result
def main(self):
    user_name = self.get_range_user()
    user_email = self.get_range_email()
    user_password = "666666"
    # 定义文件下载位置及名称
    filename = "E:/Linda/python37/test/ceshi/capacha.png"
    # 定义图片地址及名称
    image_add = "E:/Linda/python37/test/ceshi/capacha2.png"
    image_adds = self.get_range_img(filename, image_add)
    code_text = self.code_online(image_adds)
    self.send_user_info('user_email', user_email)
    self.send_user_info('user_name', user_name)
    self.send_user_info('password', user_password)
    self.send_user_info('code_text', code_text)
    # self.send_user_info('code_text', '11111')
    time.sleep(5)
    self.get_user_element('register_button').click()
    code_error = self.get_user_element("code_text_error")
    if code_error == None:
        print(' 注册成功 ')
    else:
```

```
            # 验证码获取失败，截屏处理
            self.driver.save_screenshot("E:/Linda/python37/test/ceshi/
                                        code_error.png")
            print('验证码错误，注册失败')
        time.sleep(5)
        self.driver.close()
if __name__ == '__main__':
    url = 'https://www.qingyingtech.com/register.php'
    # 实例化
    register_function = RegisterFunction(url)
    # 运行主程序
    register_function.main()
```

11.2.7 PO 模型设计

在 Web 自动化测试中，PO 模型即 Page Object，是十分流行的一项技术。它是一种设计模式，用来管理维护一组 Web 元素的对象库。它的一个设计理念就是把每个页面当成一个对象，给这些页面写一个类，主要就是完成元素定位和业务操作；至于测试脚本则要和其他的脚本区别开来，需要什么，用测试脚本去调用这些页面的类即可。这样的好处是，如果页面元素发生变化，则维护页面类即可，测试类基本不用管。PO 模型的流程如图 11.6 所示。

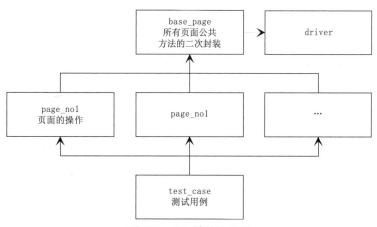

图 11.6　PO 模型的流程

PO 模型设计的优点：PO 提供了一种业务流程与页面元素操作分离的模式，这使得测试代码变得更加清晰；更加有效的命名方式，使得我们更加清晰地知道方法所操作的 UI 元素；页面对象与用例分离，使得我们更好地复用对象，可维护性也高。

11.2.8 Unittest

当编写好项目，需要验证程序是否有 BUG 时，就需要对该项目的每个部分进行单元测试。实际上，单元测试就是用一个函数（方法）去验证另一个函数（方法）是否正确，简单来说，就是通过一段代码去验证另一段代码，从而查出程序是否存在 BUG。每个测试用例可以对每个功能单元进行测试。往往一个大型的项目会由很多部分和功能组成，而项目的每一个部分和功能都有很多对应的测试用例。这样，测试用例就有可能达到成百上千条。这就产生了扩展性与维护性等问题，此时就需要考虑用例的规范与组织问题。而单元测试框架便能很好地解决这个问题。Unittest 是 Python 内置的单元测试框架，它不仅适用于单元测试，还适用于 Web 自动化测试用例的开发与执行，该测试框架可组织执行测试用例，并且提供了丰富的断言方法来判断测试用例是否通过，最终生成测试结果并以报告的形式在浏览器中输出。而测试用例就是一个完整的测试单元，作用是对其中一种功能进行验证。

举个简单的测试用例：计算两数之差，输入数据，如果结果与预期的结果 8 相同，则这个功能测试通过，新建 test.py，代码如下。

```
# coding = utf-8
# 导入 unittest 模块
import unittest
# 测试方法继承自 unittest.TestCase
class Minus(unittest.TestCase):
# 计算减法
    def minus(self, a, b):
        subtraction = a - b
        return subtraction
    def setUp(self):
        print("测试开始")
    def test_minus(self):
        s = self.minus(14, 6)
        # 这里的比较，如果是 8，就是我们的预期结果，否则为 Fail
        text = self.assertEqual(s, 8, msg=' 不相等 ')
        if text == None:
            print(' 相等 ')
    def tearDown(self):
        print("测试结束")
if __name__ == '__main__':
    unittest.main()
```

运行 test.py，结果如图 11.7 所示。

Unittest 提供了全局的 main() 方法，使用它可以方便地将一个单元测试模块变为可直接运行的测试脚本，而且该方法使用 TestLoader 类来搜索所有包含在该模块中以 "test" 命名开头的测试方法，并自动执行这些方法。例如，上面的测试用例，如果把 test_minus 改成 minus，运行结果如图 11.8 所示。

图 11.7　减法测试用例的测试结果

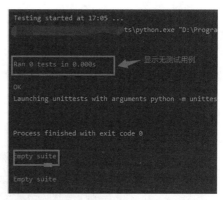

图 11.8　测试用例的运行结果

从图 11.8 中可以看出，unittest.TestCase 没有识别出 minus 的测试方法，所以无法进行验证。

所谓知己知彼，方能百战百胜，当我们了解了 Unittest 模块的各个属性，就会对以后编写用例有很大的帮助。Unittest 模块的各个属性如下。

（1）TestCase：一个 TestCase 的实例就是一个测试用例，包括测试前准备环境的设置（setUp() 方法），以及测试后环境的还原（tearDown() 方法）。TestCase 类是所有测试用例类继承的基本类。例如，上面所说的减法测试用例，就是定义了一个名称为 minus 的 class 继承 unittest.TestCase。

（2）TestSuite：用来创建测试套件，一般一个功能的测试需要多个测试用例，TestSuit 就是用来组装这些单个测试用例的，一般通过 addTest 加载 TestCase 到 TestSuit 中，然后返回一个 TestSuit 实例。当然，TestSuite 也可以互相嵌套。例如，需要在一个功能中运行 3 个测试用例，新建 test2.py，代码如下。

```python
# coding = utf-8
import unittest
# 继承 TestCase 类
class UnitCase(unittest.TestCase):
    def setUp(self):
        print(' 这是 case 的前置条件 ')
    def tearDown(self):
        print(' 这是 case 的后置条件 ')
    def testfirst(self):
        print('This is first case')
    def testsecond(self):
        print('This is second case')
    def testthird(self):
        print('This is third case')
if __name__ == '__main__':
    # 构造测试集
    suite = unittest.TestSuite()
    suite.addTest(UnitCase('testfirst'))
    suite.addTest(UnitCase('testsecond'))
```

```
suite.addTest(UnitCase('testthird'))
# 执行测试
runner = unittest.TextTestRunner()
runner.run(suite)
```

运行 test2.py，结果如图 11.9 所示。

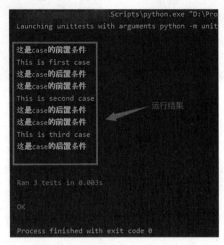

图 11.9　3 个测试用例的运行结果

（3）TextTextRunner：该类使用 run() 方法来运行 suite 所组装的测试用例。它可以使用图形界面、文本界面，或者返回一个特殊的值等方式来表示测试执行的结果。例如，如果想要在浏览器中输出测试报告，新建 test3.py，代码如下。

```
# coding = utf-8
import unittest
import os
# 导入生成 Web 测试报告模块
import HTMLTestRunner
# 继承 TestCase 类
class DemoCase(unittest.TestCase):
    def setUp(self):
        print('这是 case 的前置条件')
    def tearDown(self):
        print('这是 case 的后置条件')
    def testfirst(self):
        print('这是通过的测试用例')
    def testsecond(self):
        print('这是普通的测试用例')
if __name__ == '__main__':
    file_path = os.path.join(os.getcwd() + "\\test_case.html")
    # 以读写的模式打开 file_path
    file = open(file_path, 'wb')
```

```
suite = unittest.TestSuite()
suite.addTest(DemoCase('test_pass_case'))
suite.addTest(DemoCase('test_a'))
# 执行测试
runner = HTMLTestRunner.HTMLTestRunner(stream=file, title=" 测试报告 ",
                                    description=" 测试情况 ", verbosity=2)
runner.run(suite)
```

运行 test3.py，结果输出到浏览器的网页，如图 11.10 所示。

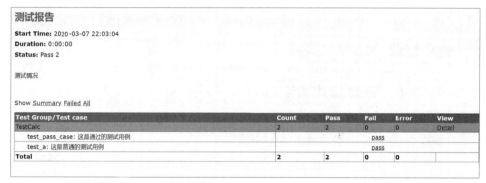

图 11.10　测试报告

关于单元测试框架 Unittest 扩展的测试报告模块 HTMLTestRunne，需要在其官网下载，如图 11.11 所示。下载后再把 HTMLTestRunner.py 文件复制到 Python 安装路径下的 lib 文件夹中即可。

图 11.11　HTMLTestRunner 下载界面

需要注意的是，HTMLTestRunner 原本是 Python 2 版本的，Python 3 下需要修改几处 HTMLTestRunner.py 的配置内容，具体如下。

①第 94 行，将 import StringIO 修改成 import io。因为 Python 3 中没有 StringIO 模块，这里需要使用 io 模块来代替。

②第 539 行，将 self.outputBuffer = StringIO.StringIO() 修改成 self.outputBuffer = io.StringIO()

③第 642 行，将 if not rmap.has_key(cls): 修改成 if not cls in rmap。因为 Python 3 字典类型的

object 已经不支持 has_key 函数，需要使用 in 来进行遍历。

④第 631 行，将 print >> sys.stderr, '\nTime Elapsed: %s' % (self.stopTime–self.startTime) 修改成 print(sys.stderr, '\nTime Elapsed: %s' % (self.stopTime–self.startTime))。因为 Python 3 中打印方法改为 print()。

⑤第 766 行，将 uo = o.decode('latin-1') 修改成 uo = e。因为 Python 3 中对字符的操作，decode 已经去掉了。

⑥第 775 行，将 ue = e.decode('latin-1') 修改成 ue = e。因为 Python 3 中对字符的操作，decode 已经去掉了。

在上例 HTMLTestRunner.HTMLTestRunner(stream=file, title=" 测试报告 ", description=" 测试情况 ",verbosity=2) 中 4 个参数代表的含义如下。

①第一个参数 stream，表示输出的测试报告路径，默认将结果输出到控制台，可以配置报告路径。例如，stream=file，即输出到指定位置。

②第二个参数 title，表示测试报告的标题。

③第三个参数 description，表示测试报告的描述。

④第四个参数 verbosity，默认值为 1。verbosity=1，输出一般报告；verbosity=2，输出详细报告；verbosity=0，输出简单报告。

（4）TestFixture：对一个测试用例环境的搭建和销毁，就是一个 Fixture，它是通过覆盖 TestCase 的 setUp() 和 tearDown() 方法来实现的。setUp() 方法是对一个测试环境进行初始化，tearDown() 方法是销毁一个测试环境。tearDown() 方法的过程很重要，要为下一个 TestCase 留下一个干净的环境。这两个方法在每个测试用例执行前及执行后执行一次，如果想要在所有测试用例执行之前准备一次环境，并在所有测试用例执行结束后再清理环境，则可以使用 setUpClass() 与 tearDownClass() 这两个方法。需要注意的是，在这两个方法上必须加 @classmethod，否则会报错。

Unittest 还提供了断言方法 assert*()，它提供了许多对测试结果的判断，在执行测试用例的过程中，最终用例是否执行通过，是根据测试得到的实际结果和预期结果是否相等来决定的。断言方法如下。

①assertEqual(a, b, [msg=' 测试失败时打印的信息 '])：断言 a 和 b 是否相等（a==b），如果相等，则测试用例通过。

② assertNotEqual(a, b, [msg=' 测试失败时打印的信息 '])：断言 a 和 b 是否相等（a!=b），如果不相等，则测试用例通过。

③ assertTrue(x, [msg=' 测试失败时打印的信息 '])：断言 x 是否是 True（bool(x) is True），如果是 True，则测试用例通过。

④ assertFalse(x, [msg=' 测试失败时打印的信息 '])：断言 x 是否是 False（bool(x) is False），如果是 False，则测试用例通过。

⑤ assertIs(a, b, [msg=' 测试失败时打印的信息 '])：断言 a 是否是 b（a is b），如果是 b，则测

试用例通过。

⑥ assertNotIs(a, b, [msg=' 测试失败时打印的信息 '])：断言 a 是否是 b（a is not b），如果不是 b，则测试用例通过。

⑦ assertIsNone(x, [msg=' 测试失败时打印的信息 '])：断言 x 是否是 None（x is None），如果是 None，则测试用例通过。

⑧ assertIsNotNone(x, [msg=' 测试失败时打印的信息 '])：断言 x 是否是 None（x is not None），如果不是 None，则测试用例通过。

⑨ assertIn(a, b, [msg=' 测试失败时打印的信息 '])：断言 a 是否在 b 中（a in b），如果在 b 中，则测试用例通过。

⑩ assertNotIn(a, b, [msg=' 测试失败时打印的信息 '])：断言 a 是否在 b 中（a not in b），如果不在 b 中，则测试用例通过。

⑪ assertIsInstance(a, b, [msg=' 测试失败时打印的信息 '])：断言 a 是否是 b 的一个实例（isinstance(a, b)），如果是 b 的一个实例，则测试用例通过。

⑫ assertNotIsInstance(a, b, [msg=' 测试失败时打印的信息 '])：断言 a 是否是 b 的一个实例（not isinstance(a, b)），如果不是 b 的一个实例，则测试用例通过。

下面举例来说明断言的用法，新建 test4.py，代码如下。

```
# coding = utf-8
import unittest
import os
import HTMLTestRunner
# 继承 TestCase 类
class DemoCase(unittest.TestCase):
    def setUp(self):
        print(' 这是 case 的前置条件 ')
    def tearDown(self):
        print(' 这是 case 的后置条件 ')
    def count(self, a, b):
        num = a + b
        return num
    def input(self):
        d = int(input(" 请输入一个数字： "))
        return d
    def testfirst(self):
        first = self.count(6, 5)
        # 测试不相等则通过
        return self.assertNotEqual(first, 12, ' 相等 ')
    def testsecond(self):
        second = self.count(6, 5)
```

```
        # 测试相等则通过
        return self.assertEqual(second, 11, '不相等')
    def testthird(self):
        third = self.input()
        # 测试输入 a 是否是 6，是 6 则通过
        return self.assertIs(third, 6, '不是')
if __name__ == '__main__':
    file_path = os.path.join(os.getcwd() + "\\test_case.html")
    # 以读写的模式打开 file_path
    file = open(file_path, 'wb')
    suite = unittest.TestSuite()
    suite.addTest(DemoCase('testfirst'))
    suite.addTest(DemoCase('testsecond'))
    suite.addTest(DemoCase('testthird'))
    # 执行测试
    runner = HTMLTestRunner.HTMLTestRunner(stream=file, title="This is test
      report", description="Register Test Report", verbosity=2)
    runner.run(suite)
```

运行 test4.py，结果如图 11.12 所示。

```
ok testfirst (__main__.DemoCase)
ok testsecond (__main__.DemoCase)
6
ok testthird (__main__.DemoCase)
<_io.TextIOWrapper name='<stderr>' mode='w' encoding='UTF-8'>
Time Elapsed: 0:00:05.940633

Process finished with exit code 0
```

图 11.12　测试用例的运行结果

11.2.9 设计、运行测试案例并生成测试报告

接下来按照注册页面（测试网页地址为 https://www.qingyingtech.com/register.php）操作流程，使用 PO 模型和 Unittest 框架编写测试用例实例。整个项目的流程如图 11.13 所示。

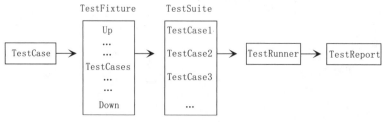

图 11.13　项目的流程图

项目结构如图 11.14 所示。

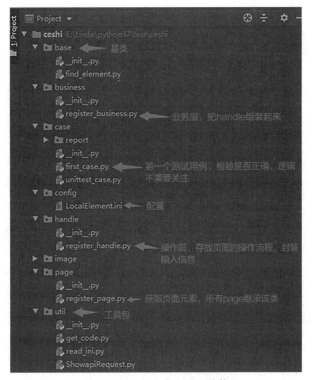

图 11.14　注册页面项目结构

根据上面的项目结构，文件的代码如下。

（1）基类 find_element.py，代码如下。

```
# coding = utf-8
from util.read_ini import ReadIni
# 封装类
class FindElement(object):
    # 定义构造函数
    def __init__(self, driver):
        self.driver = driver
    def get_element(self, key):
        # 实例化 ReadIni
        read_ini = ReadIni()
        data = read_ini.get_value(key)
        # 定位方式
        by = data.split('>')[0]
        # 定位值
        value = data.split('>')[1]
        try:
            if by == 'id':
```

```
            return self.driver.find_element_by_id(value)
        elif by == 'name':
            return self.driver.find_element_by_name(value)
        elif by == 'className':
            return self.driver.find_element_by_class_name(value)
        else:
            return self.driver.find_element_by_xpath(value)
    except:
        return None
```

（2）业务层 register_business.py，代码如下。

```
# coding = utf-8
# 业务层
from handle.register_handle import RegisterHandle
class RegisterBusiness(object):
    # 在构造方法中实例初始化
    def __init__(self, driver):
        self.register_h = RegisterHandle(driver)
    # 封装公用的
    def user_base(self, name, password, email, filename):
        self.register_h.send_user_name(name)
        self.register_h.send_user_email(email)
        self.register_h.send_user_password(password)
        self.register_h.send_user_code(filename)
        self.register_h.click_register_button()
    # 判断注册是否成功
    def register_succes(self):
        if self.register_h.get_register_text() == None:
            return True
        else:
            return False
    # 检验用户名
    def login_username_error(self, email, name, password, filename):
        self.user_base(email, name, password, filename)
        if self.register_h.get_user_text('user_name_error', '最少要输入 2 个字
符 ') == None:
            print(' 用户名检验不成功 ')
            return True
        else:
            return False
    # 检验密码
    def login_password_error(self, email, name, password, filename):
        self.user_base(email, name, password, filename)
        if self.register_h.get_user_text('user_password_error', '最少要输入 5
```

```
个字符 ') == None:
            print(' 密码检验不成功 ')
            return True
        else:
            return False
    # 检验邮箱
    def login_email_error(self, email, name, password, filename):
        self.user_base(email, name, password, filename)
        if self.register_h.get_user_text('user_email_error', ' 请输入一个正确的
邮箱地址！ ') == None:
            print(' 邮箱检验不成功 ')
            return True
        else:
            return False
    # 检验验证码
    def login_code_error(self, email, name, password, filename):
        self.user_base(email, name, password, filename)
        if self.register_h.get_user_text('code_text_error', ' 验证码错误！ ') == None:
            print(' 验证码检验不成功 ')
            return True
        else:
            return False
```

（3）第一个测试用例 first_case.py，代码如下。

```
# coding = utf-8
import sys
# 添加当前工程目录
sys.path.append('E:/Linda/python37/test/ceshi')
from business.register_business import RegisterBusiness
from selenium import webdriver
import unittest
import time
import os
import HTMLTestRunner
class FirstCase(unittest.TestCase):
    file_name = " 存放验证码图片的地址 "
    def setUp(self):
        self.driver = webdriver.Chrome("chromedriver.exe 所在目录 ")
        self.driver.get("https://www.qingyingtech.com/register.php")
        self.login = RegisterBusiness(self.driver)
    def tearDown(self):
        time.sleep(3)
        # 获取到 case 和错误信息
        for method_name, error in self._outcome.errors:
```

```
        if error:
            case_name = self._testMethodName
            file_path = os.path.join(os.getcwd() + "\\report\\" +
                                     case_name + '.png')
            self.driver.save_screenshot(file_path)
    time.sleep(5)
    self.driver.close()
def test_login_email_error(self):
    email_error = self.login.login_email_error('34', 'user111', '11111',
                                               self.file_name)
    return self.assertFalse(email_error, '测试邮箱')
def test_login_username_error(self):
    username_error = self.login.login_username_error('k', 'mjgted', '666@ss.com',
                                                     self.file_name)
    self.assertFalse(username_error, '测试用户名')
def test_login_password_error(self):
    password_error = self.login.login_password_error('22', '1k', '1111@qq.com',
                                                     self.file_name)
    self.assertFalse(password_error, '测试密码')
def test_login_code_error(self):
    code_error = self.login.login_code_error('2586s', 'few', 'mjdr@163.com',
                                             self.file_name)
    self.assertFalse(code_error, '测试code')
def test_login_success(self):
    success = self.login.user_base('kdsa', 'jjausa', 'dadwe@163.com',
                                   self.file_name)
    self.assertFalse(success, '测试单击注册')
if __name__ == '__main__':
    # 获取当前工程目录
    file_path = os.path.join(os.getcwd() + "\\report\\" + "first_case.html")
    # 以读写的模式打开 file_path
    f = open(file_path, 'wb')
    suite = unittest.TestSuite()
    suite.addTest(FirstCase('test_login_email_error'))
    suite.addTest(FirstCase('test_login_username_error'))
    suite.addTest(FirstCase('test_login_password_error'))
    suite.addTest(FirstCase('test_login_code_error'))
    suite.addTest(FirstCase('test_login_success'))
    runner = HTMLTestRunner.HTMLTestRunner(stream=f, title="This is first
      report", description="Register Test Report", verbosity=2)
    runner.run(suite)
```

（4）配置文件 LocalElement.ini，代码如下。

```
[RegisterElement]
```

```
user_email = id>register_email
user_name = id>register_nickname
password = id>register_password
code_image = id>getcode_num
code_text = id>validate
code_text_error = id>coder_error
register_button = id>submit
user_name_error = id>register_nickname-error
user_password_error = id>register_password-error
user_email_error = id>register_email-error
```

（5）操作层 register_handle.py，代码如下。

```
# coding = utf-8
from page.register_page import RegisterPage
from util.get_code import GetCode
class RegisterHandle(object):
    # 实例初始化
    def __init__(self, driver):
        self.driver = driver
        self.register_p = RegisterPage(self.driver)
    # 输入邮箱
    def send_user_email(self, email):
        self.register_p.get_email_element().send_keys(email)
    # 输入用户名
    def send_user_name(self, username):
        self.register_p.get_name_element().send_keys(username)
    # 输入密码
    def send_user_password(self, password):
        self.register_p.get_password_element().send_keys(password)
    # 输入验证码
    def send_user_code(self, filename):
        get_code_text = GetCode(self.driver)
        code = get_code_text.code_online(filename)
        self.register_p.get_code_element().send_keys(code)
    # 获取文字信息
    def get_user_text(self, info, user_info):
        try:
            if info == 'user_email_error':
                text = self.register_p.get_email_error_element().text
            elif info == 'user_name_error':
                text = self.register_p.get_name_error_element().text
            elif info == 'user_password_error':
                text = self.register_p.get_password_error_element().text
            else:
```

```
                text = self.register_p.get_code_element().text
        except:
            text = None
        return text
    # 单击注册按钮
    def click_register_button(self):
        self.register_p.get_button_element().click()
    # 获取注册按钮文字
    def get_register_text(self):
        return self.register_p.get_button_element().text
```

（6）page 层 register_page.py（获取页面元素），代码如下。

```
# coding = utf-8
# page 层
from base.find_element import FindElement
class RegisterPage(object):
    # 定义构造方法
    def __init__(self, driver):
        self.find_e = FindElement(driver)
    def get_email_element(self):
        return self.find_e.get_element("user_email")
    def get_name_element(self):
        return self.find_e.get_element("user_name")
    # 获取密码元素
    def get_password_element(self):
        return self.find_e.get_element("password")
    # 获取验证码元素
    def get_code_element(self):
        return self.find_e.get_element("code_text")
    # 获取注册按钮元素
    def get_button_element(self):
        return self.find_e.get_element("register_button")
    # 获取邮箱错误元素
    def get_email_error_element(self):
        return self.find_e.get_element("user_email_error")
    # 获取用户名错误元素
    def get_name_error_element(self):
        return self.find_e.get_element("user_name_error")
    # 获取密码错误元素
    def get_password_error_element(self):
        return self.find_e.get_element("user_password_error")
    # 获取验证码错误元素
    def get_code_error_element(self):
        return self.find_e.get_element("code_text_error")
```

（7）read_ini.py：将代码按照一定的格式封装起来，调用配置文件，读取对象，代码如下。

```python
# coding = utf-8
import configparser
# 将代码按照一定的格式封装起来，继承 object
class ReadIni(object):
    # 定义构造函数
    def __init__(self, file_name=None, node=None):
        if file_name == None:
            file_name = "E:/Linda/python37/test/ceshi/config/LocalElement.ini"
        if node == None:
            self.node = 'RegisterElement'
        else:
            self.node = node
        self.cf = self.load_ini(file_name)
    # 加载文件
    def load_ini(self, file_name):
        cf = configparser.ConfigParser()
        # 调用配置文件，读取对象
        cf.read(file_name)
        return cf
    # 获取 value 的值
    def get_value(self, key):
        data = self.cf.get(self.node, key)
        return data
if __name__ == '__main__':
    read_init = ReadIni()
    print(read_init.get_value('user_name'))
```

（8）get_code.py：获取解析验证码，代码如下。

```python
# coding = utf-8
from PIL import Image
import base64
import json
import time
import requests
from io import BytesIO
from sys import version_info
class GetCode:
    def __init__(self, driver):
        self.driver = driver
        # 定义文件下载位置及名称
        filename = " 文件下载位置及名称 "
        # 定义图片地址及名称
```

```
        image_add = "图片地址及名称"
        self.image_add = image_add
    # 获取图片
    def get_range_img(self, filename):
        self.driver.save_screenshot(filename)
        code_element = self.driver.find_element_by_id("getcode_num")
        left = code_element.location['x']
        top = code_element.location['y']
        right = code_element.size['width'] + left
        height = code_element.size['height'] + top
        im = Image.open(filename)
        # 按一定的坐标裁剪
        img = im.crop((left, top, right, height))
        img.save(self.image_add)
        time.sleep(2)
        return self.image_add
    # 验证码读取
    def base64_api(self, uname, pwd, img):
        img = img.convert('RGB')
        buffered = BytesIO()
        img.save(buffered, format="JPEG")
        if version_info.major >= 3:
            b64 = str(base64.b64encode(buffered.getvalue()), encoding='utf-8')
        else:
            b64 = str(base64.b64encode(buffered.getvalue()))
        data = {"username": uname, "password": pwd, "image": b64}
        result = json.loads(requests.post("http://api.ttshitu.com/base64",
                            json=data).text)
        if result['success']:
            return result["data"]["result"]
        else:
            return result["message"]
        return ""
    # 解析图片获取验证码
    def code_online(self, filename):
        image_adds = self.get_range_img(filename)
        img_path = image_adds
        img = Image.open(img_path)
        result = self.base64_api(uname='qingying', pwd='linda1221', img=img)
        time.sleep(2)
        return result
```

（9）打开 CMD 命令行窗口，定位到该项目的 case 目录下，运行 first_case.py，代码如下。

```
python first_case.py
```

结果如图 11.15 所示。

图 11.15   运行注册测试用例的结果

（10）用浏览器打开该项目 report 目录下的 first_case.html，这就是该项目的测试报告，如图 11.16
所示。

This is first report

Start Time: 2020-03-05 12:36:35
Duration: 0:01:22.943654
Status: Pass 1 Failure 4

Register Test Report

Show Summary Failed All

Test Group/Test case	Count	Pass	Fail	Error	View
FirstCase	5	1	4	0	Detail
test_login_email_error			fail		
test_login_username_error			fail		
test_login_password_error			fail		
test_login_code_error			fail		
Total	5	1	4	0	

图 11.16   注册测试用例报告显示

从测试案例可以看出，PO 模型设计的精髓就在于数据、页面的分离，并通过使用 Unittest 单
元测试框架来进行 Web 自动化测试。

11.3   本章小结

本章通过实战：注册页面测试案例，首先介绍了 Selenium 常用的元素定位方法、操作方法；
然后介绍了如何解决验证码问题；之后介绍了 PO 模型设计和 Unittest 单元测试框架；最后介绍了
如何使用 Unittest 单元测试框架来进行 Web 自动化测试。

第12章

用 Scrapy + Pandas 进行

数据分析

本章将介绍 Python 数据分析最主要的三大模块 ——NumPy、Matplotlib、Pandas 及其相关实例，并在最后通过两个完整的实战项目：根据输入的关键词，用 Scrapy 爬取具体的网站，并用 Pandas 进行数据分析及视图展示，让读者深入理解 Python 是如何进行数据分析及展示的。

12.1 Python 数据分析概述

随着互联网、移动互联网和物联网广泛而深入的应用，人类活动的踪迹（如网络浏览、行车轨迹、购物行为等）在网络空间中均留下了大量的数据记录。尤其是最近几年，大数据正在高速发展之中，很多企业由于使用了大数据分析使得企业朝着更好的方向发展，因此企业对大数据愈加依赖，数据的价值正在逐渐凸显出来。大数据时代下的数据堪称第一生产力，所以数据的重要性是毋庸置疑的，而数据分析就是发挥数据重要性的手段。

数据分析用到了统计分析方法，它能够从海量的数据中提取有用的信息，进行研究、概括、总结，对产品的决策和定位有辅助的作用。Python 简洁，开发效率高，尤其在数据分析和交互、探索性计算及数据可视化等方面都显得比较突出。尤其是 Pandas，在处理中型数据方面可以说有着无与伦比的优势，已经成为数据分析中流砥柱的分析工具。这就是 Python 作为数据分析的原因之一。

Python 数据分析的大家族由六大模块组成。

（1）NumPy：定义了数据结构的基础，在 Python 数据分析的大家族中起到了非常重要的作用，其他的模块都是基于 NumPy 所定义的数据结构，所以它是 Python 数据分析的基础。

（2）SciPy：是强大的科学计算方法（矩阵分析、信号分析、梳理分析等），结合 NumPy 可以实现比较多元化的数据分析。

（3）Matplotlib：丰富的可视化套件，利用它可以做出柱状图、折线图、饼图等各种类型的图表，还可以做出三维图表。

（4）Pandas：基础的分析套件，它提供了表结构的数据分析。

（5）Scikit-learn：强大的数据分析建模库。在数据挖掘中有比较大的作用。

（6）Keras：实现深度人工神经网络。

下面详细地介绍 NumPy、Matplotlib、Pandas 及其操作。

12.2 NumPy 简介及操作

NumPy 是开源的数据计算扩展，它在 Python 中主要解决了数据和数值计算过程中处理速度比较慢的问题，可以用来存储和处理大型矩阵。NumPy 提供了比较丰富的功能，如新的数据结构 ndarray、多维操作和线性代数方面的运算。下面通过实例来理解 NumPy 及一些经常用到的操作。

实例 1：查看数据类型。

```
# -*- coding: utf-8 -*-
# 引入 NumPy
import numpy as np
def main():
    # 定义一个二维数组
    list = [[11, 22, 33], [77, 88, 99]]
    # 转换成新的数据结构 ndarray
    np_list = np.array(list)
    print(type(np_list))
if __name__ == "__main__":
    main()
```

输出结果如下。

```
<class 'numpy.ndarray'>
```

实例 2：指明数据的形状，如几行几列。

```
# -*- coding: utf-8 -*-
# 引入 NumPy
import numpy as np
def main():
    # 定义一个二维数组
    list = [[11, 22, 33], [77, 88, 99], [44, 55, 66], [12, 13, 14]]
    # 转换成新的数据结构
    np_list = np.array(list)
    # 指明数据的形状
    print(np_list.shape)
if __name__ == "__main__":
    main()
```

输出结果如下。

```
(4, 3)
```

实例 3：指明数据的维度。

```
# -*- coding: utf-8 -*-
# 引入 NumPy
import numpy as np
def main():
    # 定义一个二维数组
    list = [[11, 22, 33], [77, 88, 99], [44, 55, 66], [12, 13, 14]]
    # 转换成新的数据结构
    np_list = np.array(list)
    # 指明数据的维度
    print(np_list.ndim)
if __name__ == "__main__":
    main()
```

输出结果如下。

```
2
```

实例 4：指明数据的类型。

```
# -*- coding: utf-8 -*-
# 引入 NumPy
import numpy as np
def main():
    # 定义一个二维数组
    list = [[11, 22, 33], [77, 88, 99], [44, 55, 66], [12, 13, 14]]
    # 转换成新的数据结构，重新定义数据类型
    np_list = np.array(list, dtype=np.float)
    # 指明数据的类型
    print(np_list.dtype)
if __name__ == "__main__":
    main()
```

输出结果如下。

```
float64
```

实例 5：指明数据中每个元素的大小（占多少个字节）。

```
# -*- coding: utf-8 -*-
# 引入 NumPy
import numpy as np
def main():
    # 定义一个二维数组
    list = [[11, 22, 33], [77, 88, 99], [44, 55, 66], [12, 13, 14]]
    # 转换成新的数据结构，重新定义数据类型
```

```
    np_list = np.array(list, dtype=np.float)
    # 指明数据中每个元素的大小
    print(np_list.itemsize)
if __name__ == "__main__":
    main()
```

输出结果如下。

8

实例 6：指明数据中共有多少个元素。

```
# -*- coding: utf-8 -*-
# 引入 NumPy
import numpy as np
def main():
    # 定义一个二维数组
    list = [[11, 22, 33], [77, 88, 99], [44, 55, 66], [12, 13, 14]]
    # 转换成新的数据结构，重新定义数据类型
    np_list = np.array(list, dtype=np.float)
    # 指明数据中共有多少个元素
    print(np_list.size)
if __name__ == "__main__":
    main()
```

输出结果如下。

12

实例 7：定义 2 行 3 列的空的二维数组，进行数据的初始化。

```
# -*- coding: utf-8 -*-
# 引入 NumPy
import numpy as np
def main():
    # 定义 2 行 3 列的空的二维数组
    np_list = np.zeros([2, 3])
    print(np_list)
if __name__ == "__main__":
    main()
```

输出结果如下。

```
[[0. 0. 0.]
 [0. 0. 0.]]
```

实例 8：定义 2 行 4 列的元素为 1 的二维数组。

```
# -*- coding: utf-8 -*-
# 引入 NumPy
import numpy as np
def main():
    # 定义 2 行 4 列的元素为 1 的二维数组
    np_list = np.ones([2, 4])
    print(np_list)
if __name__ == "__main__":
    main()
```

输出结果如下。

```
[[1. 1. 1. 1.]
 [1. 1. 1. 1.]]
```

实例 9：定义 2 行 3 列的 0 ～ 1 之间的随机数。

```
# -*- coding: utf-8 -*-
# 引入 NumPy
import numpy as np
# 引入随机数模块
import random
def main():
    # 定义 2 行 3 列的 0 ～ 1 之间的随机数
    np_list = np.random.rand(2, 3)
    print(np_list)
if __name__ == "__main__":
    main()
```

输出结果如下。

```
[[0.29429024 0.33847166 0.51229716]
 [0.7039497  0.31491267 0.38257217]]
```

实例 10：定义一个随机数。

```
# -*- coding: utf-8 -*-
# 引入 NumPy
import numpy as np
# 引入随机数模块
import random
def main():
    # 定义一个随机数
    np_list = np.random.rand()
    print(np_list)
if __name__ == "__main__":
    main()
```

输出结果如下。

```
0.14538272885016634
```

实例 11：定义一个 10 ~ 100 之间的随机整数。

```
# -*- coding: utf-8 -*-
# 引入 NumPy
import numpy as np
# 引入随机数模块
import random
def main():
    # 定义一个 10 ~ 100 之间的随机整数
    np_list = np.random.randint(10, 100)
    print(np_list)
if __name__ == "__main__":
    main()
```

输出结果如下。

```
23
```

实例 12：定义一个标准正态的随机二维数组。

```
# -*- coding: utf-8 -*-
# 引入 NumPy
import numpy as np
# 引入随机数模块
import random
def main():
    # 定义一个标准正态的随机二维数组
    np_list = np.random.randn(3, 5)
    print(np_list)
if __name__ == "__main__":
    main()
```

输出结果如下。

```
[[-1.10552053 -1.2577753   1.50402805  1.17382647  1.49286232]
 [-0.12382215  0.69118431 -0.31196661 -1.1093049  -0.26640911]
 [ 1.52637617 -0.26770157 -0.97606468 -0.82439566  0.05213008]]
```

实例 13：随机选取指定的元素。

```
# -*- coding: utf-8 -*-
# 引入 NumPy
import numpy as np
```

```
# 引入随机数模块
import random
def main():
    # 随机选取指定的元素
    np_list = np.random.choice([12, 35, 47, 68])
    print(np_list)
if __name__ == "__main__":
    main()
```

输出结果如下。

```
47
```

实例 14：产生 beta 分布。

```
# -*- coding: utf-8 -*-
# 引入 NumPy
import numpy as np
# 引入随机数模块
import random
def main():
    # 定义 1～10 之间 50 个 beta 分布的元素
    np_list = np.random.beta(1, 10, 50)
    print(np_list)
if __name__ == "__main__":
    main()
```

输出结果如下。

```
[0.20264623 0.07146688 0.06571031 0.03594768 0.24240007 0.02674259
 0.25108471 0.03225958 0.00524086 0.07918954 0.17755661 0.03960806
 0.11846031 0.04730612 0.04862895 0.02476767 0.12405619 0.13269232
 0.07554901 0.04113344 0.0506082  0.07119712 0.05724694 0.07711588
 0.13981097 0.02319171 0.03150469 0.06166337 0.08561276 0.04437113
 0.01799684 0.06304628 0.09569132 0.07741629 0.13385192 0.14552838
 0.09933436 0.28196906 0.08982423 0.05423565 0.10282655 0.0983164
 0.03303245 0.04711493 0.02919126 0.11248503 0.0295728  0.04600586
 0.02153958 0.05001665]
```

实例 15：arange 产生一个等差数列。

```
# -*- coding: utf-8 -*-
# 引入 NumPy
import numpy as np
def main():
    # 定义 5～20 之间的等差数列的一维数组
```

```
np_list = np.arange(5, 20)
    print(np_list)
if __name__ == "__main__":
    main()
```

输出结果如下。

```
[ 5  6  7  8  9 10 11 12 13 14 15 16 17 18 19 20]
```

实例 16：产生一个二维的等差数列。

```
# -*- coding: utf-8 -*-
# 引入 NumPy
import numpy as np
def main():
    # 定义 10 ～ 30 之间的等差数列，4 行 5 列的二维数组
    np_list = np.arange(10, 30).reshape(4, 5)
    print(np_list)
if __name__ == "__main__":
    main()
```

输出结果如下。

```
[[10 11 12 13 14]
 [15 16 17 18 19]
 [20 21 22 23 24]
 [25 26 27 28 29]]
```

实例 17：对等差数列的值进行一些函数的求值。

```
# -*- coding: utf-8 -*-
# 引入 NumPy
import numpy as np
def main():
    # 定义 10 ～ 30 之间的等差数列，4 行 5 列的二维数组
    np_list = np.arange(10, 30).reshape(4, 5)
    # 打印自然指数的二维数组
    print(" 自然指数：")
    print(np.exp(np_list))
    # 打印开方的二维数组
    print(" 开方：")
    print(np.sqrt(np_list))
    # 打印正弦三角函数的二维数组
    print(" 正弦三角函数：")
    print(np.sin(np_list))
    # 打印对数的二维数组
    print(" 对数：")
```

```
        print(np.log(np_list))
if __name__ == "__main__":
    main()
```

输出结果如下。

```
自然指数:
[[2.20264658e+04 5.98741417e+04 1.62754791e+05 4.42413392e+05
  1.20260428e+06]
 [3.26901737e+06 8.88611052e+06 2.41549528e+07 6.56599691e+07
  1.78482301e+08]
 [4.85165195e+08 1.31881573e+09 3.58491285e+09 9.74480345e+09
  2.64891221e+10]
 [7.20048993e+10 1.95729609e+11 5.32048241e+11 1.44625706e+12
  3.93133430e+12]]
开方:
[[3.16227766 3.31662479 3.46410162 3.60555128 3.74165739]
 [3.87298335 4.         4.12310563 4.24264069 4.35889894]
 [4.47213595 4.58257569 4.69041576 4.79583152 4.89897949]
 [5.         5.09901951 5.19615242 5.29150262 5.38516481]]
正弦三角函数:
[[-0.54402111 -0.99999021 -0.53657292  0.42016704  0.99060736]
 [ 0.65028784 -0.28790332 -0.96139749 -0.75098725  0.14987721]
 [ 0.91294525  0.83665564 -0.00885131 -0.8462204  -0.90557836]
 [-0.13235175  0.76255845  0.95637593  0.27090579 -0.66363388]]
对数:
[[2.30258509 2.39789527 2.48490665 2.56494936 2.63905733]
 [2.7080502  2.77258872 2.83321334 2.89037176 2.94443898]
 [2.99573227 3.04452244 3.09104245 3.13549422 3.17805383]
 [3.21887582 3.25809654 3.29583687 3.33220451 3.36729583]]
```

实例 18：对数组进行求和操作。

```
# -*- coding: utf-8 -*-
# 引入 NumPy
import numpy as np
def main():
    # 定义 10 ~ 30 之间的等差数列，4 行 5 列的二维数组
    np_list = np.array([[[10, 11, 12, 13, 14],
                         [15, 16, 17, 18, 19],
                         [20, 21, 22, 23, 24],
                         [25, 26, 27, 28, 29]]])
    np_sum = np_list.sum()
    print(np_sum)
if __name__ == "__main__":
    main()
```

输出结果如下。

实例 19：对二维数组的每列进行相加操作。

```
# -*- coding: utf-8 -*-
# 引入 NumPy
import numpy as np
def main():
    # 定义 10 ～ 30 之间的等差数列，4 行 5 列的二维数组
    np_list = np.array([[[10, 11, 12, 13, 14],
                         [15, 16, 17, 18, 19],
                         [20, 21, 22, 23, 24],
                         [25, 26, 27, 28, 29]]])
    # 对每列进行相加
    np_sum = np_list.sum(axis=1)
    print(np_sum)
if __name__ == "__main__":
    main()
```

输出结果如下。

```
[[70 74 78 82 86]]
```

实例 20：对两个一维数组进行相加操作。

```
# -*- coding: utf-8 -*-
# 引入 NumPy
import numpy as np
def main():
    listno1 = np.array([11, 22, 33])
    listno2 = np.array([55, 66, 77])
    # 对每列进行相加
    np_sum = listno1 + listno2
    print(np_sum)
if __name__ == "__main__":
    main()
```

输出结果如下。

```
[ 66  88 110]
```

实例 21：把两个一维数组追加成一个一维数组。

```
# -*- coding: utf-8 -*-
# 引入 NumPy
import numpy as np
```

```
def main():
    listno1 = np.array([11, 22, 33])
    listno2 = np.array([55, 66, 77])
    # 把两个一维数组追加成一个一维数组
    np_zhui = np.concatenate((listno1, listno2), axis=0)
    print(np_zhui)
if __name__ == "__main__":
    main()
```

输出结果如下。

```
[11 22 33 55 66 77]
```

实例 22：dot 函数是 np 中的矩阵乘法，下面对两个一维数组进行矩阵乘法操作。

```
# -*- coding: utf-8 -*-
# 引入 NumPy
import numpy as np
def main():
    listno1 = np.array([11, 22, 33, 66])
    listno2 = np.array([55, 66, 77, 25])
    # 矩阵乘法
    np_zhui = np.dot(listno1.reshape([2, 2]), listno2.reshape(2, 2))
    print(np_zhui)
if __name__ == "__main__":
    main()
```

输出结果如下。

```
[[2299 1276]
 [6897 3828]]
```

12.3 Matplotlib 简介及操作

Matplotlib 实际上就是用来绘制图表的。它是 Python 中非常重要的绘图库，有助于实现数据的可视化，能够更直观地让人了解数据的整体及变化。下面通过实例来介绍一些常用图表的画法。

实例 1：绘制一个正弦函数（坐标图），用到函数 plt.plot(x, y, fmt)。

```
# -*- coding: utf-8 -*-
# 引入 NumPy
import numpy as np
# 引入 Matplotlib
```

```
import matplotlib.pyplot as plt
# 绘制一条线
def main():
    # 定义横轴
    x = np.linspace(-np.pi, np.pi, 256, endpoint=True)
    # 定义一个正弦函数
    s = np.sin(x)
    # 绘图
    plt.figure(1)
    # 绘制正弦函数，设置线颜色为绿色，线宽为2
    plt.plot(x, s, color='green', linewidth=2)
    # 设置标题
    plt.title("Sine Function")
    # 展示
    plt.show()
if __name__ == "__main__":
    main()
```

输出结果如图 12.1 所示。

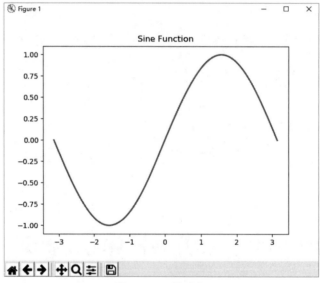

图 12.1　正弦函数

实例 2：在坐标图中，定义轴的编辑器 gca。

```
# -*- coding: utf-8 -*-
# 引入 NumPy
import numpy as np
# 引入 Matplotlib
import matplotlib.pyplot as plt
# 绘制一条线
```

```python
def main():
    # 定义横轴
    x = np.linspace(-np.pi, np.pi, 256, endpoint=True)
    # 定义一个正弦函数
    s = np.sin(x)
    # 绘图
    plt.figure(1)
    # 绘制正弦函数，设置线颜色为绿色，线宽为 1.5，以虚线展示
    plt.plot(x, s, color='green', linewidth=1.5, linestyle='--')
    # 设置标题
    plt.title("Sine Function")
    # 定义轴的编辑器 gca
    zhou = plt.gca()
    # 把右边的线隐藏
    zhou.spines["right"].set_color("none")
    # 把上边的线隐藏
    zhou.spines["top"].set_color("none")
    # 设置数据域的 0 位置
    zhou.spines["left"].set_position(("data", 0))
    zhou.spines["bottom"].set_position(("data", 0))
    # 设置 x 轴坐标显示在 x 轴的下边
    zhou.xaxis.set_ticks_position("bottom")
    # 设置 y 轴坐标显示在 y 轴的左边
    zhou.yaxis.set_ticks_position("left")
    # 展示
    plt.show()
if __name__ == "__main__":
    main()
```

输出结果如图 12.2 所示。

实例 3：绘制散点图，用到函数 plt.scatter(x, y)。

```python
# -*- coding: utf-8 -*-
# 引入 NumPy
import numpy as np
# 引入 Matplotlib
import matplotlib.pyplot as plt
# 引入随机模块
import random
def main():
    fig = plt.figure()
    fig.add_subplot(3, 3, 1)
    n = 128
```

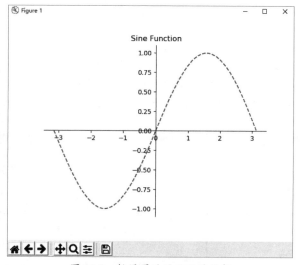

图 12.2 轴设置后显示正弦函数

```
    X = np.random.normal(0, 1, n)
    Y = np.random.normal(0, 1, n)
    # 上色
    T = np.arctan2(Y, X)
    plt.axes([0.025, 0.025, 0.95, 0.95])
    # 绘制散点
    plt.scatter(X, Y, s=75, c=T, alpha=.5)
    # 指定 x 轴的范围
    plt.xlim(-1.5, 1.5), plt.xticks([])
    # 指定 y 轴的范围
    plt.ylim(-1.5, 1.5), plt.yticks([])
    plt.axis()
    # 定义标题
    plt.title("Scatter")
    plt.xlabel("x")
    plt.ylabel("y")
    plt.show()
if __name__ == "__main__":
    main()
```

输出结果如图 12.3 所示。

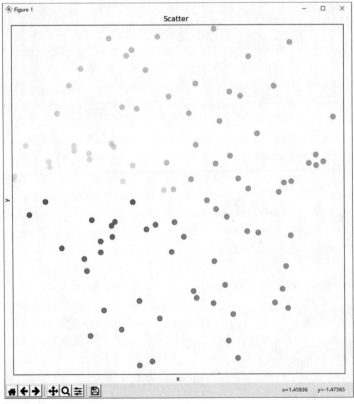

图 12.3　散点图

实例 4：绘制柱状图，用到函数 plt.bar(left, height, width, bottom)。

```python
# -*- coding: utf-8 -*-
# 引入 NumPy
import numpy as np
# 引入 Matplotlib
import matplotlib.pyplot as plt
# 引入随机模块
import random
def main():
    # 构建数列 1～10
    n = 10
    X = np.arange(n)
    Y1 = (1 - X/float(n)) * np.random.uniform(0.5, 1.0, n)
    plt.bar(X, +Y1, facecolor="#9999ff", edgecolor='white')
    # 设置格式，指定展示条 bar 的位置
    for x, y in zip(X, Y1):
        plt.text(x + 0.4, y + 0.05, '%.2f'%y, ha='center', va='bottom')
    plt.show()
if __name__ == "__main__":
    main()
```

输出结果如图 12.4 所示。

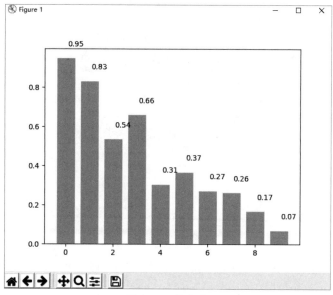

图 12.4　柱状图

实例 5：绘制饼图，用到函数 plt.pie(data, explode)。

```python
# -*- coding: utf-8 -*-
```

```
# 引入 NumPy
import numpy as np
# 引入 Matplotlib
import matplotlib.pyplot as plt
def main():
    n = 20
    Z = np.ones(n)
    Z[-1] *= 2
    # 输入数组
    plt.pie(Z, explode=Z*.05, colors=['%f'%(i/float(n)) for i in range(n)],
            labels=['%.2f'%(i/float(n)) for i in range(n)])
    plt.gca().set_aspect('equal')
    plt.xticks([]), plt.yticks([])
    plt.show()
if __name__ == "__main__":
    main()
```

输出结果如图 12.5 所示。

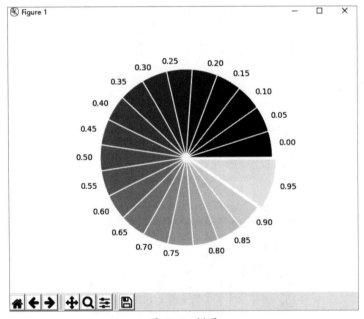

图 12.5　饼图

实例 6：绘制极坐标图，用到函数 plt.polar(theta, r)，或者调用 subplot() 创建子图时设置 projection='polar'，然后调用 plot() 在极坐标子图中绘图。

```
# -*- coding: utf-8 -*-
# 引入 NumPy
import numpy as np
# 引入 Matplotlib
```

```
import matplotlib.pyplot as plt
def main():
    fig = plt.figure()
    fig.add_subplot(projection='polar')
    n = 20
    theta = np.arange(0.0, 2 * np.pi, 2 * np.pi/n)
    jizhi = 10 * np.random.random(n)
    plt.plot(theta, jizhi)
    plt.show()
if __name__ == "__main__":
    main()
```

输出结果如图 12.6 所示。

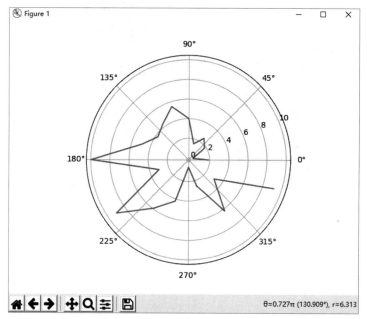

图 12.6　极坐标图

实例 7：绘制热图，用到函数 plt.imshow()。

```
# -*- coding: utf-8 -*-
# 引入 NumPy
import numpy as np
# 引入 Matplotlib
import matplotlib.pyplot as plt
# 引入上色模块
from matplotlib import cm
def main():
    # 定义 4 * 3 的随机数
    data = np.random.rand(4, 3)
    # 指定颜色为橘色系
```

```
        cmap = cm.Oranges
        # 用差值方式绘制
        map = plt.imshow(data, interpolation='nearest', cmap=cmap, aspect='auto',
                         vmin=0, vmax=1)
        plt.show()
if __name__ == "__main__":
    main()
```

输出结果如图 12.7 所示。

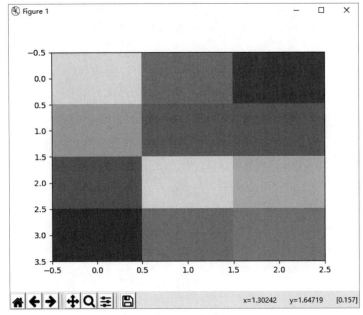

图 12.7　热图

实例 8：绘制雷达图。

```
# -*- coding: utf-8 -*-
import numpy as np
import matplotlib.pyplot as plt
import matplotlib
def main():
    matplotlib.rcParams['font.family'] = 'YouYuan'
    matplotlib.rcParams['font.sans-serif'] = ['YouYuan']
    labels = np.array(['第一个月', '第二个月', '第三个月', '第四个月', '第五个月'])
    nAttr = 5
    data = np.array([100, 92, 100, 100, 80])
    angles = np.linspace(0, 2 * np.pi, nAttr, endpoint=False)
    data = np.concatenate((data, [data[0]]))
    angles = np.concatenate((angles, [angles[0]]))
    fig = plt.figure(facecolor="white")
```

```
    plt.subplot(111, polar=True)
    plt.plot(angles, data, 'bo-', color='blue', linewidth=3)
    plt.fill(angles, data, facecolor='yellow', alpha=0.25)
    plt.thetagrids(angles * 180/np.pi, labels)
    plt.figtext(0.5, 0.95, ' 小玲的成绩表 ', ha='center')
    plt.grid(True)
    plt.savefig('dota_radar.JPG')
    plt.show()
if __name__ == "__main__":
    main()
```

输出结果如图 12.8 所示。

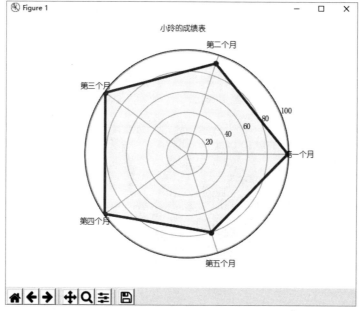

图 12.8　雷达图

实例 9：绘制 3D 图表。

```
# -*- coding: utf-8 -*-
# 引入 NumPy
import numpy as np
# 引入 Matplotlib
import matplotlib.pyplot as plt
# 引入 3D 坐标系模块
from mpl_toolkits.mplot3d import Axes3D
from matplotlib import cm
def main():
    fig = plt.figure()
    X = np.arange(-5, 5, 0.25)
```

```
    Y = np.arange(-5, 5, 0.25)
    X, Y = np.meshgrid(X, Y)
    R = np.sqrt(X ** 2 + Y ** 2)
    Z = np.sin(R)
    ax = Axes3D(fig)
    surf = ax.plot_surface(X, Y, Z, rstride=1, cstride=1, cmap=cm.viridis)
    # 定义显示的颜色
    fig.colorbar(surf, shrink=0.2, aspect=10)
    plt.show()
if __name__ == "__main__":
    main()
```

输出结果如图 12.9 所示。

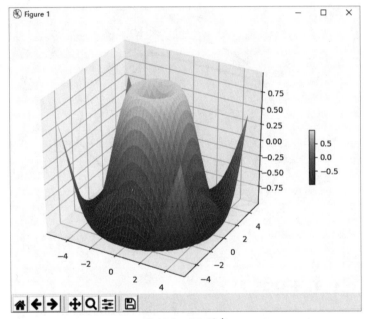

图 12.9　3D 图表

最后把生成的图表保存起来，代码如下。

```
plt.savefig("./data/ 文件名 .png")
```

12.4　Pandas 简介及操作

Pandas 官网对 Pandas 的定义如下：Pandas 是一个强大的分析结构化数据的工具集；它的使用基础是 NumPy（提供高性能的矩阵运算）；用于数据挖掘和数据分析，同时也提供数据清洗功能。

Pandas 相当于 Python 中 Excel，它使用表（Dataframe），能在数据上做各种变换。下面通过实例来介绍一些常用的 Pandas 操作。

实例 1：定义两种数据结构。

```python
# -*- coding: utf-8 -*-
# 引入 NumPy
import numpy as np
import pandas as pd
def main():
    # 定义数据结构
    s = pd.Series([i * 3 for i in range(1, 11)])
    print(' 打印第一种数据结构: ')
    print(s)
    # 打印数据类型
    print(" 数据类型: ", type(s))
    # 定义 10 个时间数据
    dates = pd.date_range("20190201", periods=10)
    # 定义 10 行 6 列的随机二维数组，index 作为索引，columns 为列值
    show = pd.DataFrame(np.random.randn(10, 6), index=dates,
                        columns=list('ABCDEF'))
    print(' 打印第二种数据结构: ')
    print(show)
if __name__ == "__main__":
    main()
```

输出结果如下。

```
打印第一种数据结构:
0      3
1      6
2      9
3     12
4     15
5     18
6     21
7     24
8     27
9     30
dtype: int64
数据类型:  <class 'pandas.core.series.Series'>
打印第二种数据结构:
                   A         B         C         D         E         F
2019-02-01  0.487083  1.348962  1.291931 -0.257776 -0.206744  0.974361
2019-02-02  0.680085 -0.458961  2.091067  0.252951  0.985556 -0.209831
2019-02-03 -1.578937  0.614918 -0.226694 -0.067090  0.833833  0.546569
```

```
2019-02-04  -2.227388  -0.131107  -1.616887   0.178881   1.073899  -0.262613
2019-02-05  -1.125528   0.516300   0.766997   0.944484   1.577124   0.619336
2019-02-06   1.807443   1.627812  -1.278003  -2.849323   0.536346  -0.321780
2019-02-07  -0.804423  -2.756037  -0.061072  -0.478732   0.427598  -0.659900
2019-02-08   0.326684  -1.035883   1.207844   2.229705   1.780791  -0.447830
2019-02-09   1.211638   1.876459   2.639882   0.264868  -0.623997   0.733558
2019-02-10   1.171695   0.634626   0.144989   0.747054   0.849295   1.881654
```

实例2：对二维数组的一些基本操作。

```python
# -*- coding: utf-8 -*-
# 引入 NumPy
import numpy as np
import pandas as pd
def main():
    # 定义 10 个时间数据
    dates = pd.date_range("20190201", periods=10)
    # 定义 10 行 6 列的随机二维数组，index 作为索引，columns 为列值
    show = pd.DataFrame(np.random.randn(10, 6), index=dates,
                        columns=list('ABCDEF'))
    # 打印整个数组
    print(' 打印整个数组：')
    print(show)
    print(' 打印前四行：')
    print(show.head(4))
    print(' 打印后三行：')
    print(show.tail(3))
    print(' 只打印数据的索引 index：')
    print(show.index)
    print(' 只打印数据的值（value）：')
    print(show.values)
    print(' 对 D 列进行升序排列，并将该列空值放在首位：')
    print(show.sort_values(by=['D'], na_position='first'))
    print(" 对二维数组中的数据大致地进行常规分析：")
    print(show.describe())
if __name__ == "__main__":
    main()
```

输出结果如下。

```
打印整个数组：
                   A          B          C          D          E          F
2019-02-01   0.484544  -0.385827   0.438232   0.621021  -1.654074   1.617437
2019-02-02   0.601367   0.331530  -1.225910   0.901586   0.182244   0.160632
2019-02-03  -0.737682   0.075748  -0.473373  -0.323244  -1.572922  -0.122843
2019-02-04   0.905913  -0.074313  -2.273286   0.129555   2.065682  -0.635070
```

```
2019-02-05 -1.183764  1.163804 -0.172177  0.264957  0.046233  1.498927
2019-02-06  1.941918  0.855042 -1.407198  1.009671 -0.458877  0.679319
2019-02-07 -1.341425  0.417282  0.543492  1.498370 -0.766273 -0.154447
2019-02-08  0.153282  1.068315  1.325901 -0.704519 -0.039957 -0.062380
2019-02-09 -0.801545  0.624029 -0.297052  0.010410  0.776994  0.679475
2019-02-10 -0.455249  0.091492  0.464170 -0.971000 -0.076326  0.329931
```
打印前四行：
```
                   A         B         C         D         E         F
2019-02-01  0.484544 -0.385827  0.438232  0.621021 -1.654074  1.617437
2019-02-02  0.601367  0.331530 -1.225910  0.901586  0.182244  0.160632
2019-02-03 -0.737682  0.075748 -0.473373 -0.323244 -1.572922 -0.122843
2019-02-04  0.905913 -0.074313 -2.273286  0.129555  2.065682 -0.635070
```
打印后三行：
```
                   A         B         C         D         E         F
2019-02-08  0.153282  1.068315  1.325901 -0.704519 -0.039957 -0.062380
2019-02-09 -0.801545  0.624029 -0.297052  0.010410  0.776994  0.679475
2019-02-10 -0.455249  0.091492  0.464170 -0.971000 -0.076326  0.329931
```
只打印数据的索引 index：
```
DatetimeIndex(['2019-02-01', '2019-02-02', '2019-02-03', '2019-02-04',
               '2019-02-05', '2019-02-06', '2019-02-07', '2019-02-08',
               '2019-02-09', '2019-02-10'],
              dtype='datetime64[ns]', freq='D')
```
只打印数据的值（value）：
```
[[ 0.48454394 -0.3858268   0.43823235  0.6210215  -1.65407362  1.61743686]
 [ 0.60136712  0.33153021 -1.22590962  0.90158573  0.1822436   0.16063191]
 [-0.73768227  0.07574793 -0.47337318 -0.32324404 -1.57292222 -0.12284297]
 [ 0.9059133  -0.07431278 -2.27328581  0.12955481  2.06568233 -0.63507044]
 [-1.18376412  1.16380357 -0.17217698  0.26495686  0.04623253  1.49892711]
 [ 1.94191827  0.8550423  -1.40719809  1.00967076 -0.45887714  0.67931904]
 [-1.34142546  0.41728232  0.54349232  1.49837044 -0.76627295 -0.15444684]
 [ 0.15328219  1.06831502  1.32590097 -0.7045187  -0.03995744 -0.0623798 ]
 [-0.80154456  0.62402901 -0.29705229  0.01041031  0.77699373  0.67947519]
 [-0.45524867  0.09149245  0.46416981 -0.97099964 -0.07632592  0.32993071]]
```
对 D 列进行升序排列，并将该列空值放在首位：
```
                   A         B         C         D         E         F
2019-02-10 -0.455249  0.091492  0.464170 -0.971000 -0.076326  0.329931
2019-02-08  0.153282  1.068315  1.325901 -0.704519 -0.039957 -0.062380
2019-02-03 -0.737682  0.075748 -0.473373 -0.323244 -1.572922 -0.122843
2019-02-09 -0.801545  0.624029 -0.297052  0.010410  0.776994  0.679475
2019-02-04  0.905913 -0.074313 -2.273286  0.129555  2.065682 -0.635070
2019-02-05 -1.183764  1.163804 -0.172177  0.264957  0.046233  1.498927
2019-02-01  0.484544 -0.385827  0.438232  0.621021 -1.654074  1.617437
2019-02-02  0.601367  0.331530 -1.225910  0.901586  0.182244  0.160632
2019-02-06  1.941918  0.855042 -1.407198  1.009671 -0.458877  0.679319
2019-02-07 -1.341425  0.417282  0.543492  1.498370 -0.766273 -0.154447
```

对二维数组中的数据大致地进行常规分析：

	A	B	C	D	E	F
count	10.000000	10.000000	10.000000	10.000000	10.000000	10.000000
mean	-0.043264	0.416710	-0.307720	0.243681	-0.149728	0.399098
std	1.042835	0.509062	1.080475	0.781739	1.090216	0.728321
min	-1.341425	-0.385827	-2.273286	-0.971000	-1.654074	-0.635070
25%	-0.785579	0.079684	-1.037776	-0.239830	-0.689424	-0.107727
50%	-0.150983	0.374406	-0.234615	0.197256	-0.058142	0.245281
75%	0.572161	0.797289	0.457685	0.831445	0.148241	0.679436
max	1.941918	1.163804	1.325901	1.498370	2.065682	1.617437

实例 3：选择数据（也称为切片）的操作。

```python
# -*- coding: utf-8 -*-
# 引入 NumPy
import numpy as np
import pandas as pd
def main():
    # 定义 10 个时间数据
    dates = pd.date_range("20190201", periods=10)
    # 定义 10 行 6 列的随机二维数组，index 作为索引，columns 为列值
    show = pd.DataFrame(np.random.randn(10, 6), index=dates,
                        columns=list('ABCDEF'))
    # 打印整个数组
    print('打印整个数组：')
    print(show)
    print('打印 B 列的值：')
    print(show['B'])
    print('打印 2 号到 5 号的值：')
    print(show['20190202': '20190205'])
    print('打印 3 号到 6 号的 C 列，E 列的值：')
    print(show.loc['20190203': '20190206', ["C", "E"]])
    print('打印 4 号的 B 列的值：')
    print(show.at[dates[3], 'B'])
    print('通过下标进行选择：')
    print(show.iloc[1:3, 3:5])
    print('获取第二行第三列的值：')
    print(show.iloc[2, 3])
    print('选择 C>0，B<0 的数据')
    print(show[show.C>0][show.B<0])
    print('只选择 >0 的数')
    print(show[show>0])
if __name__ == "__main__":
    main()
```

输出结果如下。

```
打印整个数组：
                   A          B          C          D          E          F
2019-02-01  0.551777  -0.579114   1.687589   1.808769  -1.057328  -1.148460
2019-02-02 -0.274929  -1.908962   0.447289   0.274397   1.640166   2.790451
2019-02-03 -0.313195  -1.069743  -1.810893  -0.121868   0.372859   1.160548
2019-02-04  1.615750   1.887964  -0.881487   0.071130  -0.057793  -0.727725
2019-02-05  0.647527   0.617120  -0.909811  -0.640991  -0.527222   0.565369
2019-02-06 -0.986888   0.913955  -0.059219  -1.725229  -0.508580  -0.597928
2019-02-07 -0.843872  -0.531919  -0.662342  -1.107806   0.423076  -1.658017
2019-02-08  0.441607   1.320137   0.877317  -0.473102   0.564785  -0.952967
2019-02-09 -0.144287   1.478534  -0.486445   0.615169  -0.130194   1.322879
2019-02-10  1.004665   1.469630   1.604427   1.252195  -0.524571  -0.007975
打印 B 列的值：
2019-02-01   -0.579114
2019-02-02   -1.908962
2019-02-03   -1.069743
2019-02-04    1.887964
2019-02-05    0.617120
2019-02-06    0.913955
2019-02-07   -0.531919
2019-02-08    1.320137
2019-02-09    1.478534
2019-02-10    1.469630
Freq: D, Name: B, dtype: float64
打印 2 号到 5 号的值：
                   A          B          C          D          E          F
2019-02-02 -0.274929  -1.908962   0.447289   0.274397   1.640166   2.790451
2019-02-03 -0.313195  -1.069743  -1.810893  -0.121868   0.372859   1.160548
2019-02-04  1.615750   1.887964  -0.881487   0.071130  -0.057793  -0.727725
2019-02-05  0.647527   0.617120  -0.909811  -0.640991  -0.527222   0.565369
打印 3 号到 6 号的 C 列，E 列的值：
                   C          E
2019-02-03 -1.810893   0.372859
2019-02-04 -0.881487  -0.057793
2019-02-05 -0.909811  -0.527222
2019-02-06 -0.059219  -0.508580
打印 4 号的 B 列的值：
1.8879636612829243
通过下标进行选择：
                   D          E
2019-02-02  0.274397   1.640166
2019-02-03 -0.121868   0.372859
获取第二行第三列的值：
```

```
-0.12186847038557734
```

选择 C>0，B<0 的数据

```
E:/Linda/python37/weibo/pandastest.py:26: UserWarning: Boolean Series key
will be reindexed to match DataFrame index.
  print(show[show.C>0][show.B<0])
                    A            B            C            D            E            F
2019-02-01   0.551777  -0.579114   1.687589   1.808769  -1.057328  -1.148460
2019-02-02  -0.274929  -1.908962   0.447289   0.274397   1.640166   2.790451
```

只选择 >0 的数

```
                    A            B            C            D            E            F
2019-02-01   0.551777         NaN   1.687589   1.808769         NaN         NaN
2019-02-02         NaN         NaN   0.447289   0.274397   1.640166   2.790451
2019-02-03         NaN         NaN         NaN         NaN   0.372859   1.160548
2019-02-04   1.615750   1.887964         NaN   0.071130         NaN         NaN
2019-02-05   0.647527   0.617120         NaN         NaN         NaN   0.565369
2019-02-06         NaN   0.913955         NaN         NaN         NaN         NaN
2019-02-07         NaN         NaN         NaN         NaN   0.423076         NaN
2019-02-08   0.441607   1.320137   0.877317         NaN   0.564785         NaN
2019-02-09         NaN   1.478534         NaN   0.615169         NaN   1.322879
2019-02-10   1.004665   1.469630   1.604427   1.252195         NaN         NaN
```

实例 4：对数据进行设置（添加或修改）。

```python
# -*- coding: utf-8 -*-
# 引入 NumPy
import numpy as np
import pandas as pd
def main():
    # 定义 8 个数据
    dates = pd.date_range("20190501", periods=8)
    # 定义 10 行 6 列的随机二维数组，index 作为索引，columns 为列值
    show = pd.DataFrame(np.random.randn(8, 6), index=dates,
                        columns=list('ABCDEF'))
    # 添加 1 列数据
    sl = pd.Series(list(range(12, 20)), index=pd.date_range("20190501",
                periods=8))
    show['G'] = sl
    print('添加 1 列数据：')
    print(show)
    print('把 2 号 B 列的数据修改成 188')
    show.at[dates[1], "B"] = 188
    print(show)
    # 复制一份数据
    showno2 = show.copy()
    # 把负数都转换成正数
```

```
    showno2[showno2<0] = -showno2
    print(' 把负数都转换成正数：')
    print(showno2)
if __name__ == "__main__":
    main()
```

输出结果如下。

```
添加 1 列数据：
                  A          B          C          D          E          F    G
2019-05-01  0.386089   0.592629   1.094892  -0.562154   2.211293  -0.585124   12
2019-05-02 -0.962695  -0.396891   0.092749  -0.280715  -2.582586   0.010516   13
2019-05-03  0.462161  -1.544413   1.540519   0.132054  -0.188756  -0.226118   14
2019-05-04 -0.688500  -0.805988  -0.882353   0.675934  -0.665120   0.129411   15
2019-05-05 -0.159448  -0.553759   1.001836  -0.127288  -0.183622  -1.338338   16
2019-05-06  1.225593   2.084303  -0.429911  -1.040693  -0.201988  -2.352093   17
2019-05-07 -0.206887   0.569358   0.622449   1.041703   1.021158   2.334931   18
2019-05-08  0.918502   0.590792  -0.590612   1.236459  -0.787334   1.291881   19
把 2 号 B 列的数据修改成 188
                  A            B          C          D          E          F    G
2019-05-01  0.386089     0.592629   1.094892  -0.562154   2.211293  -0.585124   12
2019-05-02 -0.962695   188.000000   0.092749  -0.280715  -2.582586   0.010516   13
2019-05-03  0.462161    -1.544413   1.540519   0.132054  -0.188756  -0.226118   14
2019-05-04 -0.688500    -0.805988  -0.882353   0.675934  -0.665120   0.129411   15
2019-05-05 -0.159448    -0.553759   1.001836  -0.127288  -0.183622  -1.338338   16
2019-05-06  1.225593     2.084303  -0.429911  -1.040693  -0.201988  -2.352093   17
2019-05-07 -0.206887     0.569358   0.622449   1.041703   1.021158   2.334931   18
2019-05-08  0.918502     2.590792  -0.590612   1.236459  -0.787334   1.291881   19
把负数都转换成正数：
                  A            B          C          D          E          F    G
2019-05-01  0.386089     0.592629   1.094892   0.562154   2.211293   0.585124   12
2019-05-02  0.962695   188.000000   0.092749   0.280715   2.582586   0.010516   13
2019-05-03  0.462161     1.544413   1.540519   0.132054   0.188756   0.226118   14
2019-05-04  0.688500     0.805988   0.882353   0.675934   0.665120   0.129411   15
2019-05-05  0.159448     0.553759   1.001836   0.127288   0.183622   1.338338   16
2019-05-06  1.225593     2.084303   0.429911   1.040693   0.201988   2.352093   17
2019-05-07  0.206887     0.569358   0.622449   1.041703   1.021158   2.334931   18
2019-05-08  0.918502     0.590792   0.590612   1.236459   0.787334   1.291881   19
```

实例 5：对图表进行操作。

```
# -*- coding: utf-8 -*-
# 引入 NumPy
import numpy as np
import pandas as pd
```

```
def main():
    # 定义8个数据
    dates = pd.date_range("20190501", periods=8)
    # 定义二维数组
    show = pd.DataFrame({'index': ['a', 'a', 'b', 'b', 'a', 'a'],
                         'index2': ['no1', 'no2', 'no1', 'no2', 'no1', 'no1'],
                         'data1': [1, 2, 3, 2, 1, 1],
                         # 'data2': np.random.randn(5)
                         })
    print(' 打印二维数组 ')
    print(show)
    print(' 打印重复项: ')
    print(show[show.duplicated()].count())
    s = pd.Series([1, 2, 3, 2, 8, 10, 6, 7], index=dates)
    print(' 打印每个值出现的次数: ')
    print(s.value_counts())
if __name__ == "__main__":
    main()
```

输出结果如下。

```
打印二维数组
   index index2  data1
0      a    no1      1
1      a    no2      2
2      b    no1      3
3      b    no2      2
4      a    no1      1
5      a    no1      1
打印重复项:
index     2
index2    2
data1     2
dtype: int64
打印每个值出现的次数:
2     2
10    1
8     1
7     1
6     1
3     1
1     1
dtype: int64
```

实例 6：pd.concat() 把两个表拼在一起。

```
# -*- coding: utf-8 -*-
# 引入 NumPy
import numpy as np
import pandas as pd
def main():
    # 定义 8 个数据
    dates = pd.date_range("20190601", periods=8)
    # 定义 10 行 6 列的随机二维数组，index 作为索引，columns 为列值
    show = pd.DataFrame(np.random.randn(8, 5), index=dates,
                        columns=list('ABCDE'))
    print(' 二维数组: ')
    print(show)
    # 把前 2 行和后 2 行进行拼接
    piesec = [show[:2], show[-2:]]
    print(' 拼接: ')
    print(pd.concat(piesec))
if __name__ == "__main__":
    main()
```

输出结果如下。

```
二维数组:
                  A         B         C         D         E
2019-06-01  0.271687  1.162947  1.497319  2.486825  0.870409
2019-06-02  0.265206 -1.416689 -0.584049  0.619749 -0.262320
2019-06-03 -2.513394  0.547393 -0.224785  2.659636 -0.204408
2019-06-04  1.479481 -1.049234 -1.471297 -1.096371 -0.741076
2019-06-05  1.487601  0.310226 -0.818781 -0.005113  0.603444
2019-06-06 -0.637006 -0.368165 -1.111094  0.385340 -0.054584
2019-06-07  1.150677 -2.613769  1.857720 -0.878795 -1.409483
2019-06-08  0.071800  1.129885 -0.302905 -0.480438  0.671273
拼接:
                  A         B         C         D         E
2019-06-01  0.271687  1.162947  1.497319  2.486825  0.870409
2019-06-02  0.265206 -1.416689 -0.584049  0.619749 -0.262320
2019-06-07  1.150677 -2.613769  1.857720 -0.878795 -1.409483
2019-06-08  0.071800  1.129885 -0.302905 -0.480438  0.671273
```

实例 7：Pandas 绘制一个基本折线图。

```
# -*- coding: utf-8 -*-
# 引入 NumPy
import numpy as np
```

```
import pandas as pd
from pylab import *
def main():
    ts = pd.Series(np.random.randn(100), index=pd.date_range('20190401',
                    periods=100))
    draws = ts.cumsum()
    draws.plot()
    show()
if __name__ == "__main__":
    main()
```

输出结果如图 12.10 所示。

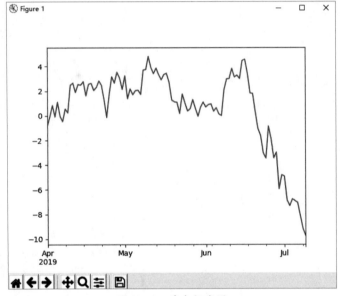

图 12.10　基本折线图

实例 8：文件操作（读入及保存）。

```
# -*- coding: utf-8 -*-
# 引入 NumPy
import pandas as pd
import openpyxl
def main():
    # 读入 Excel 文件
    dbfile = pd.read_excel('./date.xlsx', 'Sheet1')
    print('Excel:', dbfile)
    # 保存文件
    dbfile.to_excel('./date2.xlsx')
if __name__ == "__main__":
    main()
```

输出结果如下。

```
Excel:        Date    A   B   C   D   E   F   G   H
0         20200201   53  82  48  25  72  73  13  75
1         20200202   83  91  16  52  55  66  39  19
2         20200203   43  12  35  85  33  99  80  84
3         20200204   97  12  58  49  92  90  59  61
4         20200205   42  24  65  28  44  19  66  44
5         20200206   98  74  59  51  85  91  33  92
6         20200207   78  33  92  38  63  18  76  68
7         20200208   94  74  48  66  54  24  20  50
8         20200209   70  66  92  59  34  99  95  80
9        202002010   64  94  91  22  83  53  42  52
```

并在同一级文件夹下生成 date2.xlsx，如图 12.11 所示。

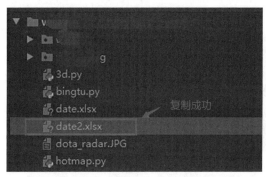

图 12.11 date2.xlsx 所在文件夹

12.5 实战项目：Scrapy 爬取网站并用 Pandas 进行数据分析

前面几节详细介绍了 NumPy、Matplotlib、Pandas 及其操作，本节将介绍两个完整的实战项目：一个是根据输入的关键词，Scrapy 爬取微博网站，并用 Pandas 进行数据分析及视图展示；另一个是根据输入的关键词，Scrapy 爬取百度贴吧网站，并用 Pandas 进行数据分析及视图展示。

1. 爬取微博网站

第一个实战项目是根据输入的关键词，Scrapy 爬取微博网站，如图 12.12 所示。

图 12.12　微博网站的搜索结果页面

本项目的具体步骤如下。

（1）分析采集需求：输入关键词进行微博文章的搜索，获取该文章的博主名、内容、转发数、评论数、点赞数及发表时间。

（2）对网页进行如下分析。

① XPath 定位博主名，如图 12.13 所示。

② XPath 定位文章内容，如图 12.14 所示。

③ XPath 定位转发数，如图 12.15 所示。

④ XPath 定位评论数，如图 12.16 所示。

⑤ XPath 定位点赞数，如图 12.17 所示。

⑥ XPath 定位发表时间，如图 12.18 所示。

⑦ XPath 定位页数，如图 12.19 所示。

图 12.13　XPath 定位博主名

图 12.14　XPath 定位文章内容

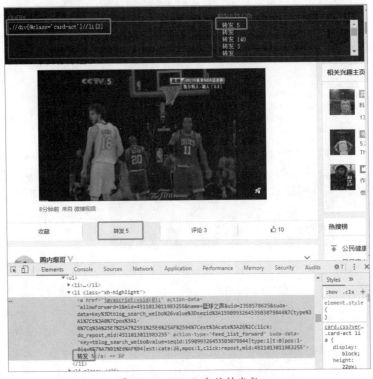

图 12.15　XPath 定位转发数

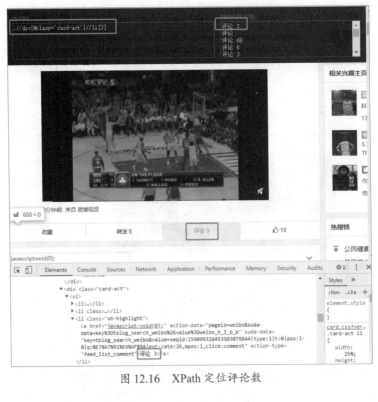

图 12.16　XPath 定位评论数

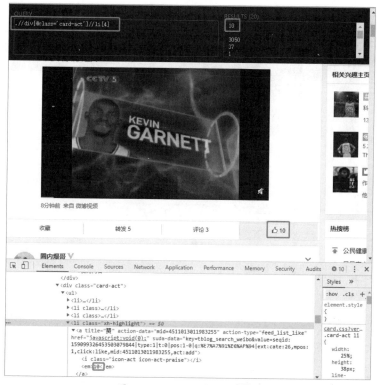

图 12.17　XPath 定位点赞数

图 12.18　XPath 定位发表时间

图 12.19　XPath 定位页数

（3）创建 Scrapy 项目，名为 weibo，代码如下。

```
scrapy startproject weibo
```

（4）创建爬虫文件，名为 keys，代码如下。

```
scrapy genspider keys www.weibo.com
```

（5）使用 Item 定义数据结构，打开项目 weibo 中的 items.py 文件，代码如下。

```
import scrapy
class WeiboItem(scrapy.Item):
    # 定义博主名
    title = scrapy.Field()
    # 定义文章内容
    content = scrapy.Field()
    # 定义评论数
    pinglun = scrapy.Field()
    # 定义转发数
    zhuanfa = scrapy.Field()
```

```
    # 定义点赞数
    hot = scrapy.Field()
    # 定义发表时间
    datetime = scrapy.Field()
```

（6）编写爬虫主文件，打开项目 weibo 中 spiders 文件夹下的 keys.py 文件，代码如下。

```python
# -*- coding: utf-8 -*-
import scrapy
import time
from selenium import webdriver
from scrapy import Request
import re
from weibo.items import WeiboItem
class KeysSpider(scrapy.Spider):
    name = 'keys'
    allowed_domains = ['www.weibo.com']
    start_urls = ['https://www.weibo.com/']
    def parse(self, response):
        # 实例化 driver
        driver = webdriver.Chrome(executable_path=" 输入 chromedriver.exe 所在目录 ")
        driver.get(self.start_urls[0])
        time.sleep(3)
        # 最大化窗口
        driver.maximize_window()
        time.sleep(20)
        print(driver.title)
        driver.find_element_by_css_selector("#loginname").send_keys(" 用户名 ")
        driver.find_element_by_css_selector(".info_list.password input[node-type=
                                'password']").send_keys(" 密码 ")
        driver.find_element_by_css_selector(".info_list.login_btn a[node-type=
                                'submitBtn']").click()
        time.sleep(5)
        keys = ' 科比 '
        driver.find_element_by_css_selector(".gn_search_v2 input[node-type=
                                'searchInput']").send_keys(keys)
        time.sleep(5)
        driver.find_element_by_css_selector(".gn_search_v2 a[node-type=
                                'searchSubmit']").click()
        time.sleep(20)
        urls = driver.find_elements_by_xpath("//*[@class='m-page']//ul/li/a")
        for last in urls:
            # 提取下一页并交给 Scrapy 进行下载
            hh = last.get_attribute('href')
            jk = Request(hh, callback=self.nexttext, meta={'driver': driver},
```

```
                        dont_filter=True)
        yield jk
def nexttext(self, response):
    weibo_item = WeiboItem()
    # 获取driver
    drivers = response.meta['driver']
    last = response.url
    print('response.url: ', last)
    drivers.get(last)
    time.sleep(3)
    # 最大化窗口
    drivers.maximize_window()
    time.sleep(20)
    urlss = drivers.find_elements_by_xpath("//*[@class='m-page']//a")
    lasts = urlss[-1].get_attribute('href')
    print('urlss:', lasts)
    urls = drivers.find_elements_by_xpath("//*[@class='m-page']//a")
    last = urls[-1].get_attribute('href')
    kk = drivers.find_elements_by_xpath("//*[@class='s-scroll']/li/a")
    print('dangqian:', kk[-1].get_attribute('href'))
    ss = kk[-1].get_attribute('href')
    gg = re.findall(r".*page=(.+)", ss)
    print(gg[0])
    now = drivers.find_element_by_xpath("//*[@class='list']//a[@class=
        'pagenum']").text
    print(now)
    a = now.split()    # split 依照空格把字符串分为一个列表
    direcor = a[0]
    dd = re.findall(r"第 (.+?) 页 ", direcor)
    print('dd: ', dd[0])
    length = len(urls) - 2
    lastno2 = urls[-1].get_attribute('href')
    print(lastno2)
    if int(dd[0]) <= 5:
        print('ddd: ', dd[0])
        texte = drivers.find_elements_by_xpath("//*[@class='card-wrap']")
        for msge in texte:
            # 获取博主名
            try:
                nre = msge.find_element_by_xpath(".//div[@class='content']/
                    div[@class='info']//div/a[@class='name']").text
                weibo_item['title'] = nre.strip()
                time.sleep(1)
            except Exception as e:
```

```
                print(e)
        # 获取文章内容
        try:
            content = msge.find_element_by_xpath(".//div[@class=
                'content']//p[@node-type='feed_list_content']").text
            weibo_item['content'] = content.strip()
        except Exception as e:
            print(e)
        # 获取评论数
        try:
            pinglun = msge.find_element_by_xpath(".//div[@class=
                'card-act']//li[3]").text
            weibo_item['pinglun'] = pinglun.strip()
        except Exception as e:
            print(e)
        # 获取转发数
        try:
            zhuanfa = msge.find_element_by_xpath(".//div[@class=
                'card-act']//li[2]").text
            weibo_item['zhuanfa'] = zhuanfa.strip()
        except Exception as e:
            print(e)
        # 获取点赞数
        try:
            hot = msge.find_element_by_xpath(".//div[@class=
                'card-act']//li[4]").text
            weibo_item['hot'] = hot.strip()
        except Exception as e:
            print(e)
        # 获取发表时间
        try:
            datetime = msge.find_element_by_xpath(".//div[@class=
                'content']/p[@class='from']/a[@target='_blank']").text
            weibo_item['datetime'] = datetime.strip()
        except Exception as e:
            print(e)
        time.sleep(5)
        print('weibo_item_no2: ', weibo_item)
        yield weibo_item
    else:
        return
```

（7）在 pipelines.py 中定义数据存储到 weibo.csv，代码如下。

```python
import pymongo
from weibo.items import WeiboItem
from weibo.settings import mongo_host, mongo_port, mongo_db_name,
 mongo_db_collection
from scrapy.exporters import CsvItemExporter
class WeiboPipeline(object):
    def process_item(self, item, spider):
        return item
class AskPipeline(object):
    def __init__(self):
        host = mongo_host
        port = mongo_port
        dbname = mongo_db_name
        dbcollection = mongo_db_collection
        # 获取 MongoDB 的链接
        client = pymongo.MongoClient(host=host, port=port)
        mydb = client[dbname]
        self.post = mydb[dbcollection]
    def process_item(self, item, spider):
        # 数据的插入，data 转换成字典（dict）
        if isinstance(item, WeiboItem):
            data = dict(item)
            self.post.insert(data)
        return item
class CsvAskPipeline(object):
    def __init__(self):
        # 新建 weibo.csv 文件，定义能够写入数据
        self.file = open("weibo.csv", 'wb')
        # 定义保存的字段
        self.exporter = CsvItemExporter(self.file, fields_to_export=['title',
            'content', "pinglun", 'zhuanfa', 'hot', 'datetime'])
        self.exporter.start_exporting()
    # 从 item 存入数据
    def process_item(self, item, spider):
        self.exporter.export_item(item)
        return item
    # 关闭 weibo.csv 数据文件
    def spider_closed(self, spider):
        self.exporter.finish_exporting()
        self.file.close()
```

（8）在项目 weibo 的 settings.py 下进行项目的设置，代码如下。

```
BOT_NAME = 'weibo'
SPIDER_MODULES = ['weibo.spiders']
NEWSPIDER_MODULE = 'weibo.spiders'
# Crawl responsibly by identifying yourself (and your website) on the
# user-agent
USER_AGENT = 'Mozilla/5.0 (Windows NT 10.0; Win64; x64) AppleWebKit/537.36
              (KHTML, like Gecko) Chrome/73.0.3683.103 Safari/537.36'
# Obey robots.txt rules
ROBOTSTXT_OBEY = False
DOWNLOAD_DELAY = 3
DEFAULT_REQUEST_HEADERS = {
  'Accept': 'text/html,application/xhtml+xml,application/xml;q=0.9,image/webp,
    image/apng,*/*;q=0.8,application/signed-exchange;v=b3',
  'Accept-Language': 'zh-CN,zh;q=0.9',
}
ITEM_PIPELINES = {
    'weibo.pipelines.AskPipeline': 1,
    'weibo.pipelines.CsvAskPipeline': 2,
}
# 定义 MongoDB
mongo_host = "127.0.0.1"      # 数据库链接地址
mongo_port = 27017           # 数据库端口
mongo_db_name = 'weibo'       # 数据库名
mongo_db_collection = 'msg'   # 数据表名
```

（9）在项目 weibo 中新建 main.py 运行爬虫，代码如下。

```
from scrapy.cmdline import execute
import sys
import os
def start_scrapy():
    sys.path.append(os.path.dirname(__file__))
    execute(["scrapy", "crawl", "keys"])
if __name__ == '__main__':
    start_scrapy()
```

（10）在 CMD 命令行窗口中，定位到该项目位置，输入以下命令，运行爬虫。

```
python main.py
```

（11）生成的 weibo.csv 如图 12.20 所示。

	A	B	C	D	E	F	G
1	title	content	pinglun	zhuanfa	hot	datetime	
2	新浪NBA	科比低位转身的一些脚步技巧教学，教你如何去训练这方面	评论1	转发4	8	5分钟前	
3	篮球大图	2014年，科比在一场比赛赛前热身期间穿着写有"I can't breathe"字样的黑白T恤，以纪念埃里克·加纳（Eric Garner）的去世。黑人加纳因为"脖子和胸部和俯卧位由于警察施加的身体限制"产生窒息而死。科比在那场比赛结束后说："这是一个关乎公正的议题……这确实是一种可以广泛传播并扩散到主流 展开全文	评论1	转发9	72	今天12:49	
4	篮球之声	#我的NBA总决赛记忆# 央视解说2010年NBA总决赛第七场比赛！全长1小时48分钟！这场比赛，从头到尾几乎没有出现一个阵地空位。雷致敬科比叔叔！ #谢里夫INS晒身穿科比夺冠夹克照#	评论3	转发5	10	8分钟前	
5	篮球资讯全球通	NBA名宿沙奎尔-奥尼尔的大儿子谢里夫-奥尼尔今日在INS上晒出了一组身穿科比OK夺冠时期的夹克。 #热爱篮不住# #体育#	评论	转发		23秒前	
6	英语轻松读App_ti	科比是真的不能呼吸了，我也期盼造谣的人早日不能呼吸了	评论	转发	1	2分钟前	
7	__vino__	那年季后赛对阿泰印象最深的两个球，一个是这场西决G5补	评论	转发		4分钟前	
8	摄影师_李宗介	#科比# 踏入胜利的天堂前先要经过苦训的试炼 流光所有的	评论	转发		4分钟前	
9	诸葛体育说	怎样才是回应球迷挑衅的最正确方式？科比、詹姆斯、韦德	评论	转发		5分钟前	
10	之叔	想要的，看我主页置顶博文！ NBA里最有影响力的几位 詹姆斯 爱豆们想不想拥有！科比签名照片！库里签名照片！詹姆斯签名照片！等NBA明星！签名球衣！签名篮球！！有兴趣的人，留言！！让我看见你！可签TO！！！（有各类明星签名物品！均由"吴伟TD 展开全文c	评论	转发		6分钟前	

图 12.20　微博文章数据

（12）根据 weibo.csv，新建 weibodata.py，功能是使用 Pandas 生成折线图（获取每天点赞数），代码如下。

```python
# -*- coding: utf-8 -*-
import pandas as pd
import matplotlib.pyplot as plt
import matplotlib
matplotlib.rcParams['font.sans-serif'] = ['SimHei'] # pyplot 中文显示
def main():
    # 使用 Pandas 读取数据文件，创建 DataFrame 对象，并删除其中所有缺失值
    df = pd.read_excel('./weibo.xlsx', encoding='cp936')
    df = df.dropna()    # 读取数据，丢弃缺失值
    # 生成每天点赞数折线图
    plt.figure()
    df.plot(x='datetime')
    plt.savefig('E:/Linda/python37/weibo/hot.jpg')
if __name__ == "__main__":
    main()
```

（13）运行 weibodata.py，获取每天点赞数折线图，如图 12.21 所示。

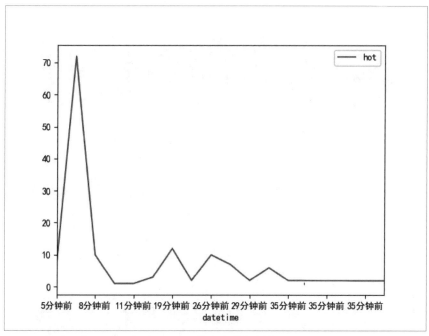

图 12.21　每天点赞数折线图

2. 爬取百度贴吧网站

第二个实战项目是根据输入的关键词，Scrapy 爬取百度贴吧网站，如图 12.22 所示。

图 12.22　百度贴吧网站的搜索结果页面

本项目的具体步骤如下。

（1）分析采集需求：输入关键词进行百度贴吧的搜索，获取该帖子的标题名、作者名及回复数。

（2）对网页进行如下分析。

① XPath 定位标题名，如图 12.23 所示。

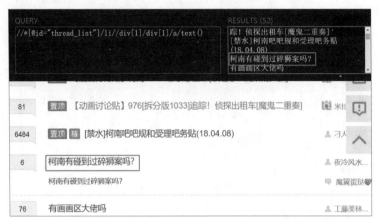

图 12.23　XPath 定位标题名

② XPath 定位作者名，如图 12.24 所示。

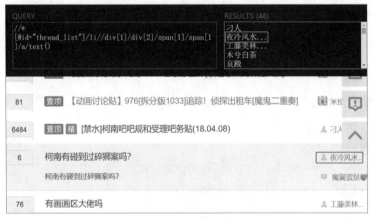

图 12.24　XPath 定位作者名

③ XPath 定位回复数，如图 12.25 所示。

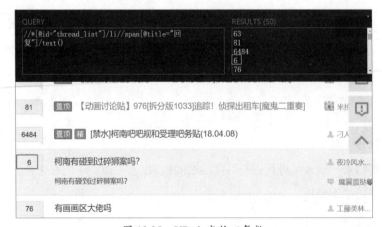

图 12.25　XPath 定位回复数

（3）创建 Scrapy 项目，名为 baidu，代码如下。

```
scrapy startproject baidu
```

（4）创建爬虫文件，名为 tieba，代码如下。

```
scrapy genspider tieba tieba.baidu.com
```

（5）使用 Item 定义数据结构，打开项目 baidu 中的 items.py 文件，代码如下。

```
import scrapy
class BaiduItem(scrapy.Item):
    # 定义标题名
    title = scrapy.Field()
    # 定义作者名
    author = scrapy.Field()
    # 定义回复数
    reply = scrapy.Field()
```

（6）编写爬虫主文件，打开项目 baidu 中 spiders 文件夹下的 tieba.py 文件，代码如下。

```
# -*- coding: utf-8 -*-
import scrapy
from scrapy import Request
from urllib import parse
from baidu.items import BaiduItem
class TiebaSpider(scrapy.Spider):
    name = 'tieba'
    allowed_domains = ['tieba.baidu.com']
    start_urls = ['https://tieba.baidu.com/']
    def parse(self, response):
        kw = '柯南'
        keys = parse.urlencode({'kw': kw})   # 转换为 URL 编码
        key_url = response.url + 'f?' + keys
        yield Request(url=key_url, callback=self.parse_detail)
    def parse_detail(self, response):
        baidu_item = BaiduItem()
        before = response.xpath('//*[@id="thread_list"]/li')
        for be in before:
            # 获取标题名
            title = be.xpath('.//div[1]/div[1]/a/text()').extract_first("")
            baidu_item['title'] = title
            # 获取回复数
            reply = be.xpath('.//span[@title="回复"]/text()').extract_first("")
            baidu_item['reply'] = reply
            # 获取作者名
```

```
            author = be.xpath('.//div[1]/div[2]/span[1]/span[1]/a/text()').
              extract_first("")
            baidu_item['author'] = author
            yield baidu_item
```

（7）在 pipelines.py 中定义数据存储到 baidu.csv，代码如下。

```
# 导入 csv 模块
from scrapy.exporters import CsvItemExporter
class BaiduPipeline(object):
    def process_item(self, item, spider):
        return item
class CsvBaiduPipeline(object):
    def __init__(self):
        # 新建 baidu.csv 文件，定义能够写入数据
        self.file = open("baidu.csv", 'wb')
        # 定义保存的字段
        self.exporter = CsvItemExporter(self.file, fields_to_export=['title',
          'author', 'reply'])
        self.exporter.start_exporting()
    # 从 item 存入数据
    def process_item(self, item, spider):
        self.exporter.export_item(item)
        return item
    # 关闭 baidu.csv 数据文件
    def spider_closed(self, spider):
        self.exporter.finish_exporting()
        self.file.close()
```

（8）在项目 baidu 的 settings.py 下进行项目的设置，代码如下。

```
BOT_NAME = 'baidu'
SPIDER_MODULES = ['baidu.spiders']
NEWSPIDER_MODULE = 'baidu.spiders'
# 每次下载延迟 3 秒
DOWNLOAD_DELAY = 3
ITEM_PIPELINES = {
    'baidu.pipelines.CsvBaiduPipeline': 1,
    'baidu.pipelines.BaiduPipeline': 300,
}
```

（9）在项目 baidu 中新建 main.py 运行爬虫，代码如下。

```
from scrapy.cmdline import execute
import sys
import os
```

```
def start_scrapy():
    sys.path.append(os.path.dirname(__file__))
    execute(["scrapy", "crawl", "tieba"])
if __name__ == '__main__':
    start_scrapy()
```

（10）在 CMD 命令行窗口中，定位到该项目位置，输入以下命令，运行爬虫。

```
python main.py
```

（11）生成的 baidu.csv 如图 12.26 所示。

1	title	author	reply
2	【漫画讨论贴】柯南1057 暗号的理由 [被遗忘z...	刁人	63
3	柯南有碰到过碎狮案吗？	夜冷风水...	6
4	有画画区大佬吗	工藤美林...	76
5	服部平次最可能成功的一次告白，成就了怪盗基...	木兮白茶	56
6	名柯令人惋惜的人物（三）cp篇（一）（楼主原...	哀殿	65
7	绝对...绝对是亲生的!	腊梅jie88	226
8	各位经历过最恐惧的事情是什么？	木兮白茶	74
9	我的会放在二楼	末影玥	140
10	除了用麻醉针麻醉毛利小五郎，还有什么令小王...	弑神夜二档	3
11	柯南名词读音小测试题目在二楼	L	1
12	这个吧之前有人发现他们俩惊人的相似吗一个是...	白雨山人	10

图 12.26　百度贴吧数据

（12）根据 baidu.csv，新建 panda_data.py，功能是使用 Pandas 生成柱状图（获取回复数），代码如下。

```
# -*- coding: utf-8 -*-
import pandas as pd
import matplotlib.pyplot as plt
from pandas import DataFrame
def main():
    # 读取 baidu.csv 文件的 title 和 reply 列
    csv_data = pd.read_csv("./baidu.csv", usecols=['title', 'reply'])
    df = DataFrame(csv_data )
    # 设置柱状图
    df.plot(kind='bar')
    # 设置标题
    plt.title('reply')
    plt.show()
if __name__ == "__main__":
    main()
```

（13）运行 panda_data.py，获取回复数柱状图，如图 12.27 所示。

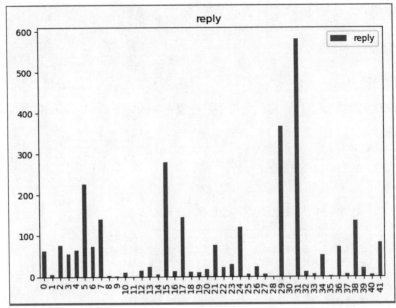

图 12.27　回复数柱状图

12.6　本章小结

　　本章介绍了 Python 数据分析的三大模块 ——NumPy、Matplotlib 和 Pandas，并在最后通过实例演示了 Scrapy 爬取网站，并对爬取下来的数据进行了分析及视图展示。